普通高等教育高职高专“十三五”规划教材　电气类

变频调速系统的安装调试与维护

主　编　陈君霞

中国水利水电出版社
www.waterpub.com.cn
·北京·

内 容 提 要

本教材以西门子 MM440 变频器为载体，基于工作过程组织教学内容。本教材共设置了四个项目，项目一变频器基础知识、项目二变频器的基本应用、项目三 S7－1200 PLC 与变频器的联机控制和项目四变频器的选择、安装与维护。本教材体现以技能训练为主线、相关知识为支撑点的特色。

本教材适合中职、高职电气自动化技术、机电一体化等专业教学用书，也可供相关技术人员作为学习、参考使用。

图书在版编目（CIP）数据

变频调速系统的安装调试与维护 / 陈君霞主编. -- 北京 : 中国水利水电出版社, 2017.6(2023.11重印)
普通高等教育高职高专“十三五”规划教材. 电气类
ISBN 978-7-5170-5558-7

Ⅰ. ①变… Ⅱ. ①陈… Ⅲ. ①变频调速－高等职业教育－教材 Ⅳ. ①TM921.51

中国版本图书馆CIP数据核字(2017)第151251号

书 名	普通高等教育高职高专“十三五”规划教材 电气类 **变频调速系统的安装调试与维护** BIANPIN TIAOSU XITONG DE ANZHUANG TIAOSHI YU WEIHU
作 者	陈君霞 主编
出版发行	中国水利水电出版社 （北京市海淀区玉渊潭南路 1 号 D 座 100038） 网址：www.waterpub.com.cn E－mail：sales@mwr.gov.cn 电话：（010）68545888（营销中心）
经 售	北京科水图书销售有限公司 电话：（010）68545874、63202643 全国各地新华书店和相关出版物销售网点
排 版	中国水利水电出版社微机排版中心
印 刷	天津嘉恒印务有限公司
规 格	184mm×260mm 16 开本 6.75 印张 160 千字
版 次	2017 年 6 月第 1 版 2023 年 11 月第 3 次印刷
印 数	4001—6000 册
定 价	**27.00** 元

普通高等教育高职高专“十三五”规划教材之

中高职衔接系列教材

编　委　会

本书编写人员

主　编　陈君霞

副主编　姚开武　韦　乐　丁　欣　韦世道（中职）

参　编　卢锦力　韦成才　甘　文　蒙　萌
郭　平　罗安伍

主　审　叶庆钦

前言 QIANYAN

教材事关国家和民族的前途命运，教材建设必须坚持正确的政治方向和价值导向。本书坚持党的二十大精神，全面贯彻党的教育方针，落实立德树人根本任务，为党育人，为国育才，弘扬劳动光荣、技能宝贵、创造伟大的时代风尚。

变频器是将工频交流电源变换为频率和电压可调的三相交流电源的电气装置，用以驱动交流异步电动机实现变频调速。在企业竞争日益激烈的今天，变频器在节省电能、降低生产成本、提高产品质量和增加设备的使用寿命等方面有着很大的优势。目前，变频器在供水、电梯、造纸、钢铁、化工和食品等领域有着广泛的应用。因此，学习变频调速系统的安装调试与维护技术有着十分重要的意义。

本教材以西门子 MM440 通用变频器为载体，基于工作过程组织教学内容。教材编写以“加强应用、注重技能、培养能力”为宗旨，理论知识浅显易懂，以够用为度，体现了以技能训练为主线、相关知识为支撑点的特色。教材的可读性、实用性强，在典型技能训练任务中配有接线图、参数设置表、操作运行分析等，使读者更容易入门学习、操作。

本教材共设置了四个项目：项目一介绍变频技术发展概况等基础知识，方便没有变频器基础的读者入门学习；项目二介绍变频器的端子控制操作、多段调速等基本应用，重点培养读者使用、操作变频器的能力，包括正确进行硬件接线、变频器参数的设置、系统的调试等；项目三介绍 S7－1200 PLC 与变频器的联机控制、变频调速技术、PLC 应用技术等多学科知识的综合，有利于拓宽读者的思路，培养他们的综合思维能力；项目四从工程应用的角度介绍变频器的选择、安装与维护，培养读者根据工程项目的需要，合理地进行变频器的选择、安装与维护的能力。

本教材是普通高等教育高职高专“十三五”规划教材之中高职衔接系列教材中的一本，由广西壮族自治区县级中专综合改革帮扶奖补经费项目予以资助。本教材由广西水利电力职业技术学院的陈君霞任主编，负责全书内容的组织和统稿。由广西水利电力职业技术学院的姚开武、韦乐、丁欣，以及南宁信息工程职业技术学校的韦世道任副主编，广西水利电力职业技术学院的卢锦力、韦成才、甘文、蒙萌、郭平、罗安伍参与了本教材的编写。本教材由广西南宁东糖新凯糖业有限公司的叶庆钦任主审。

由于作者水平有限，加之时间仓促，书中不妥之处在所难免，敬请广大读者批评指正。

编者

2016 年 11 月

目录 MULU

项目一

变频器基础知识

任务一　变频技术发展概况

知识目标：

（1）认知变频调速的原理。

（2）认知变频器的产生背景。

（3）认知变频技术的发展历程。

（4）认知使用变频器的目的及效果。

技能目标：

能分析变频调速的原理。

任务描述：

近年来，随着电力电子技术、微处理器控制技术和自动控制技术的迅速发展，变频器具有了调速精度高、响应快、保护功能完善、过载能力强、节能显著、维护方便、智能化程度高、易于实现复杂控制等优点。交流变频调速技术是当今节能、改善工艺流程，以及提高产品质量和改善环境、推动技术进步的一种主要手段。

任务分析：

变频器是将工频交流电源变换为频率和电压可调的三相交流电源的电气装置，用以驱动交流异步电动机实现变频调速，如图1-1-1所示。

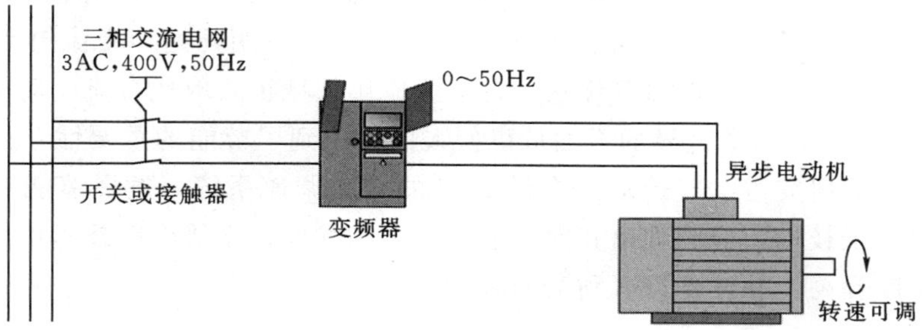

图1-1-1　变频器装置图

交流异步电动机的转速公式为

$$n=60\frac{f_1}{P}(1-s) \qquad (1-1-1)$$

式中　n——电动机转速；

f_1——定子绕组感应电动势的频率；

P——电动机极对数；

s——电动机转差率。

由式（1-1-1）可以看出，要改变交流异步电动机转速 n，可以采用三种方案，即改变电动机极对数 P、改变电动机转差率 s 和改变定子绕组感应电动势的频率 f_1。在这三种方案中，改变极对数调速是有级调速，调速范围有限。改变转差率调速在调速过程中存在与转差成正比的转差损耗，使得转子发热，系统效率降低。只有变频调速能实现平滑、无级地调节交流异步电动机的转速，而且这类系统中无论转速高低，所消耗的转差功率基本不变，因此效率最高。

知识链接：

一、变频器的产生背景

直流电动机传动和交流电动机传动先后诞生于19世纪，至今已有100多年的历史，它们已经成为动力机械的主要传动装置。20世纪初期，由于技术上的原因，交流电动机的调速比较困难，所以交流电动机只能作恒速运行。而直流电动机控制简单、调速性能好，所以需要进行调速控制的传动系统基本上采用的是直流电动机。然而，由于结构上的原因，直流电动机调速存在以下缺点：

（1）需要定期更换电刷和换向器，维护保养困难，寿命较短。

（2）由于直流电动机存在换向火花，难以应用于存在易燃易爆气体的恶劣环境。

（3）结构复杂，难以制造大容量、高转速和高电压的直流电动机。

而与直流电动机相比，交流电动机则存在以下优点：

（1）容量、电压、电流和转速的上限，不像直流电动机那样受限制。

（2）坚固耐用，事故率低，容易维护。

（3）结构简单，造价低。

因此，很久以来，人们就希望能用可调速的交流电动机来代替直流电动机，于是在交流调速系统方面展开了大量的研究。从20世纪60年代后期开始，交流电动机以其低成本、高可靠性以及环境适应性强等优点，在工业应用领域正式取代直流电动机。

20世纪70年代，席卷世界的石油危机使人们认识到了节能的重要性，迫使各国投入大量人力和财力去研究占电气传动总容量85%的交流调速系统，发展节能新技术。同时期，随着电力电子技术、控制理论和数字电子技术的发展，交流变频技术也得到了显著的发展，性能不断提高，并逐步进入到实用阶段。

二、变频技术的发展历程

变频调速技术作为应用范围最广和最具有发展前景的交流调速方法，既要处理巨大电能的转换（整流、逆变），又要处理信息的收集、变换和传输。因此，它的关键技术包括电力电子器件的应用技术、基于现代控制理论的控制策略和智能控制策略全数字控制技术，并随着这些技术的发展而不断得到发展。

1. 电力电子器件的发展

电力电子器件为变频调速奠定了物质基础。电力电子器件是弱电控制强电的纽带，它经历了由不控到全控、由电流控制到电压控制的发展过程，目前它正向大功率化、高频化、模块化、智能化方向发展。

(1) 第一代电力电子器件——半控型器件。从 1958 年美国通用电气公司研制出世界上第一个产业用普通晶闸管开始，标志着电力电子技术的诞生。第一代晶闸管（SCR）是电流控制型开关器件，能以小电流控制大电流的变换。但其开关频率低，且导通后不能自关断，属于半控型开关器件，在交流传动和变频电源的应用中受到限制。到了 20 世纪 70 年代，已经派生出许多半控型器件，这些电力电子器件的功率也越来越大，性能日渐完善。

(2) 第二代电力电子器件——全控型器件。从 20 世纪 70 年代后期开始，可关断晶闸管（GTO）、电力晶体管（GTR 或 BJT）及其模块相继实用化。此后，各种高频率的全控型器件不断问世，并得到迅速发展。这些器件主要有：电力场控晶体管（即功率 MOSFET）、静电感应晶体管（SIT）和静电感应晶闸管（SITH）等，这些器件的产生和发展，已经形成了一个新型的全控电力电子器件的大家族。

(3) 第三代电力电子器件——复合型器件。20 世纪 80 年代后期，以绝缘门极双极晶体管（IGBT）复合型器件为代表，它实际上是 MOSFET 驱动双极型晶体管，兼有 MOSFET 的高输入阻抗和 GTR 的低导通压降两者的优点。它容量较大、开关速度快、易驱动，成为一种理想的电力电子器件。

(4) 第四代电力电子器件 —— 模块化器件。随着工艺水平的不断提高，可以将许多零散拼装的器件组合在一起并且大规模生产，进而导致第四代电力电子器件的诞生。以功率集成电路 PIC 为代表，其不仅把主电路的器件，而且把驱动电路以及具有过压过流保护，甚至温度自动控制等作用的电路都集成在一起，形成一个整体。PIC 实现了器件与电路、强电与弱电、功率流与信息流的集成，成为机和电之间的智能化接口、机电一体化的基础单元。

2. 微处理器技术的发展

变频调速控制系统是快速系统，需要存储多种数据，并快速实时处理大量信息。最初的变频调速控制都是用模拟控制电路，后来随着数字电子的飞速发展，结构复杂而功能齐全的数字控制系统逐渐发展为控制专用的计算机，而各种控制规律软件化的实施又使通用计算机走进自动控制领域。在此基础上，大规模集成电路微处理器的出现，把电子控制技术推上了一个崭新的阶段，以微处理器为核心的数字控制已成为现代自动控制系统中控制器的主要形式。

20 世纪 70 年代中期以后，变频器控制广泛使用单片机。单片机的最大优点是，用同一芯片可以进行各种条件判断，作出其相适应的处理。但单片机的处理能力有限，对采用矢量变换控制的系统，由于处理的数据量大，实时性和精度要求高，单片机往往不能满足要求。

20 世纪 80 年代初期出现了数字信号处理器（DSP），DSP 集成了硬件乘法器，提高了系统频率、数据处理能力以及运算速度，支持浮点运算等。近几年来，国外各大公司纷纷推出以 DSP 为基础的内核，配以电动机控制所需的外围功能电路，集成在单一芯片内的称为 DSP 单片电动机控制器，价格大大降低、体积缩小、使用便捷、可靠性提高。DSP 与普通单片机相比，处理数字运算能力增强 10～15 倍，确保了变频调速系统有更优越的控制性能。

3. 控制方式的发展

变频调速控制理论技术的发展主要体现在由标量控制向高动态性能的矢量控制与直接转矩控制发展和开发无速度传感器的矢量控制系统等方面。

第一代变频器为 U/f 控制方式的变频器。U/f 控制的变频器结构非常简单，但是这种变频器采用开环控制方式，不能达到较高的控制性能，而且在低频时，必须进行转矩补偿，以改变低频转矩特性。目前，我国各领域应用最多的还是高功能型 U/f 控制方式通用变频器，它的性能足以满足大多数生产机械调速控制的需要。

矢量控制方式的提出具有划时代的意义，与 U/f 控制方式相比矢量控制方式具有调速范围宽、低频转矩大、调速精度高等优点。

直接转矩控制方式与矢量控制方式相比，它省去了很多复杂的数学计算，系统直观、简洁，计算速度和精度都比矢量控制方式有所提高，即使在开环的状态下，也能输出 100%的额定转矩，对于多拖动具有负荷平衡功能。

4. 变频器的总体发展趋势

由于变频技术的逐步成熟和电力电子产品的更加优化，变频器的总体发展趋势是向小型化、专用化、网络化、高水平控制的方向发展，更新的速度会大于以往的任何时候。

（1）结构的小型化。变频器的小型化就是向发热挑战，现在主电路中占发热量 50%～70%的 IGBT 的损耗已大幅度减少。主电路中的功率电路模块化、控制电路采用大规模集成电路和全数字控制技术，结构设计采用平面安装技术、冷却技术的发展等一系列措施促进了变频器小型化的发展。

（2）专用化。出现专用化变频器是近年来的事，变频器家族中的通用变频器可以用来驱动通用型交流电动机，它在使用时具有多种可供选择的功能，能适应多种不同性质的负载。专用型变频器是相对通用变频器而言的，其目的是针对有特殊要求的负载更好地发挥变频器的独特功能并尽可能地方便用户。例如，电梯专用变频器，要求可以四象限运行；要求频率的上升和下降速率呈 S 形，以使电梯可以平稳地加速和减速。其他还有用于提升机、恒压供水和机车牵引等专用系列的变频器。

（3）网络化。在网络化日益普及的今天，与普通的点对点硬线连接方式相比较而言，通过高速通信连接的变频器系统可以最大限度地降低系统维护时间、提高生产效率、减少运行成本。作为执行机构，变频器的网络化配置主要基于三个层面：设备层、控制层和信息层。可以配接最基本的 RS－232/RS－485 串行通信协议 Profibus 等的现场总线协议以及 Internet 局域网协议。目前安装的现场总线模块有 Profibus DP、Lnterbus 等。用户可以有更大的自由根据生产过程来选择 PLC 型号和品牌，并非常简单地集成到现有的网络中去。而且通过现场总线模块，可以不考虑变频器的型号，而以同一种编程语言和程序结构来与不同功率段不同型号的变频器进行组构。变频器控制的网络化结构如图 1－1－2 所示。

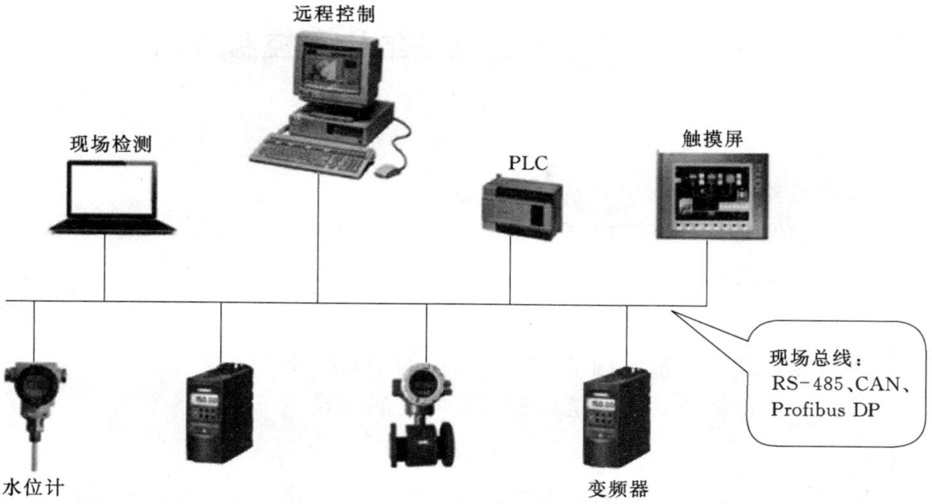

图 1-1-2 变频器控制的网络化结构图

（4）高水平的控制。变频器的控制方式将向数字化、多种控制方式结合、远程控制、无速度传感器控制系统和绿色变频器等方面发展。今后相当一段时间内会是将现有的控制方式加以结合，互相取长补短，或将其他学科的理论、方法引入与神经网络控制相结合，这样控制效果会更好。近年来，各国学者也在致力于无速度传感器控制系统的研究，利用检测定子电压、电流等容易测量的物理量进行速度估算，以取代速度传感器，提高控制系统的可靠性、降低成本。目前已研究出无速度传感器矢量控制系统的实用产品。随着对环境保护重要性的认识，变频器产生的高次谐波对电网产生的危害、工作时的噪声污染等问题使得人们越来越重视绿色变频器的研发。

三、使用变频器的目的及效果

变频器的应用范围很广，凡是使用三相交流异步电动机电气传动的地方都可以装设变频器。对设备来说，使用变频器的目的有三个：

（1）实现节能。使用频率范围为 0～50Hz，具体值与设备类型、工况条件有关。

（2）实现调速。使用频率为 0～400Hz，具体值按照工艺要求而定，受电动机允许最大工作频率的制约。

（3）实现软启动、软制动。频率的上升或下降，可以通过设定时间，实现平滑无冲击电流或机械冲击的启动、制动。

变频器的使用可以节省电能、降低生产成本、减少维修工作量，给实现生产自动化带来方便和好处，应用效果十分明显。

习 题

1. 交流异步电动机有几种调速方法？每种调速方法的特点是什么？
2. 变频器的定义是什么？使用变频器的目的是什么？
3. 变频器在水泵和风机类负载应用中为什么会有显著的节能效果？

任务二 变频器的电路结构及控制方式

知识目标：

（1）认知变频器的分类。

（2）认知变频调速的电路结构。

（3）认知变频器的控制方式。

技能目标：

（1）能进行变频器电源输入端子、电源输出端子的接线。

（2）能根据负载的特点，正确选择变频器的控制方式。

任务描述：

不同类型变频器因电路构成不同，所以应用的场合不同。变频器各种控制方式也各有特点，实际应用中应根据负载的特点加以选择。

任务分析：

变频器的电路由主电路和控制电路构成，主电路的功能是实现电能变换；控制电路的功能是为主电路提供控制信号，完成检测、保护，接受外部控制信号，实现输出指示。变频器不同的控制方式决定了变频器的频率精度和频率分辨率、低速时的情况和各种功能的实现等，因此也就决定了变频器的性能指标。

知识链接：

一、变频器的分类

变频器的分类方法有多种，下面将从变流方式和电路储能方式这两个角度来谈。

1. 按变流方式分类

（1）交-交变频器。交-交变频器是把固定频率的交流电直接转换成频率、电压可调的交流电。变频频率高，但所用变流器件较多、成本高，连续可调的频率范围窄，输出频率通常为额定频率的1/2以下，常用于大功率（500kW或1000kW以上）、低速（600r/min以下）的场合，如轧钢机、球磨机、水泥回转窑等。

（2）交-直-交变频器。交-直-交变频器是将固定频率的交流电整流为直流电，再把直流电逆变成频率、电压可调的交流电。由于直流电逆变为交流电的环节较易控制，因此在频率范围及改变频率后电动机的特性等方面都有明显的优势，是目前广泛采用的变频器结构。

交-交变频器与交-直-交变频器的结构如图1-2-1所示。

2. 按电路储能方式分类

（1）电压型变频器。如图1-2-2所示，电压型变频器电路中间环节的储能元件采用大电容来缓冲负载的无功功率。由于大电容的作用，直流电压比较平稳，直流电源内阻较小，相当于电压源，故称电压型变频器。它常用于负载电压变化较大的场合，可以驱动多台电动机并联运行。缺点是不易实现回馈制动，必须制动时，只能采用直流环节并联电阻

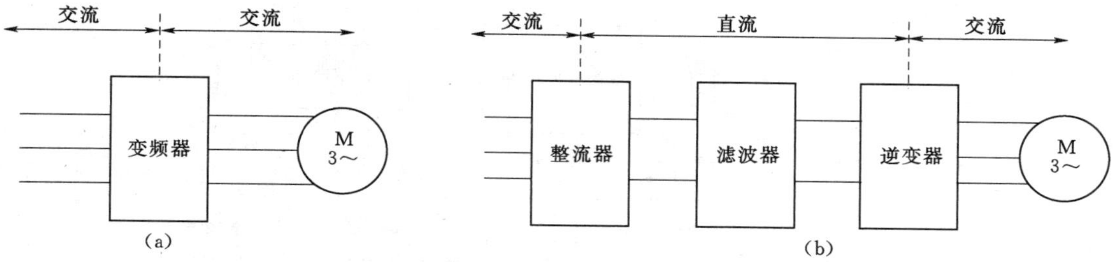

图 1－2－1　变频器结构图

(a) 交-交变频器；(b) 交-直-交变频器

的能耗制动或者采用可逆整流器，调速系统动态响应比较慢。

(2) 电流型变频器。如图 1－2－3 所示，电流型变频器电路的中间直流环节采用大电感作为储能环节缓冲无功功率。由于电感的作用，直流电流较平稳，电源内阻阻抗高，相当于电流源。其优点是容易实现回馈制动，电动机可实现四象限运行，直流电压可以迅速改变，故调速系统动态响应快。因此，电流型变频器适用于频繁急加速或减速的大容量电动机的传动。

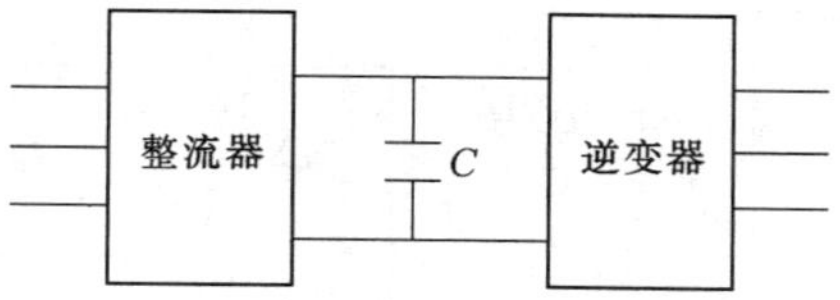

图 1－2－2　电压型变频器结构图

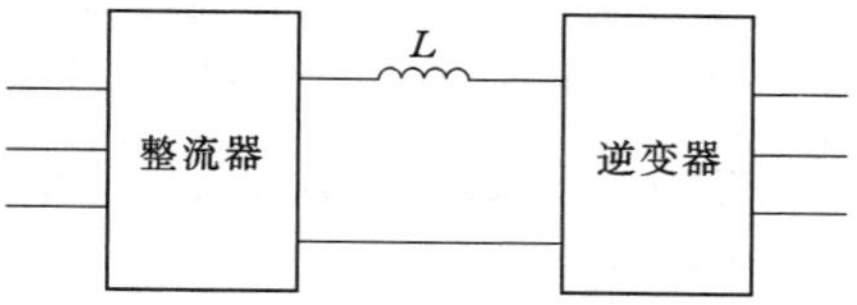

图 1－2－3　电流型变频器结构图

二、变频器的电路结构

通用变频器电路广泛采用电压型交-直-交电路结构，电路分主电路和控制电路两部分，如图 1－2－4 所示。其中，整流电路、直流中间电路、逆变电路是实现电能变换的功率电路，称为变频器的主电路。控制电路为主电路提供控制信号，完成检测、保护、接受外部控制信号、实现输出指示的功能。

1. 主电路

变频器的主电路如图 1－2－5 所示。由整流电路、直流中间电路、逆变电路 3 个部分组成。

(1) 整流电路。整流电路由功率二极管 VD1～VD6 组成三相桥式整流电路。它的作用是将工频交流电整流为脉动直流电。其输出平均直流电压 $U_d=1.35U_1$ (U_1 为输入变频器电源线电压值)。当输入三相电源线电压为 380V 时，$U_d=1.35\times380=513$ (V)。

(2) 直流中间电路。直流中间电路由滤波电路、限流电路、制动单元和逆变电路组成。

1) 滤波电路。滤波电路由 C_1、C_2、R_2、R_3 组成。作用是将整流电路输出的脉动直流电变为较平整的直流电。另外，因为逆变器的负载交流异步电动机为感性负载，无论电

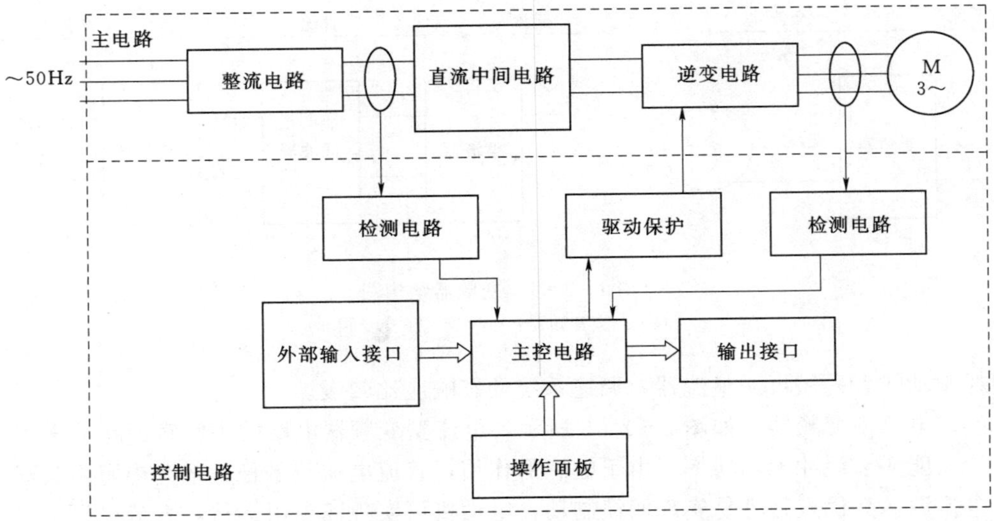

图 1-2-4　变频器组成结构图

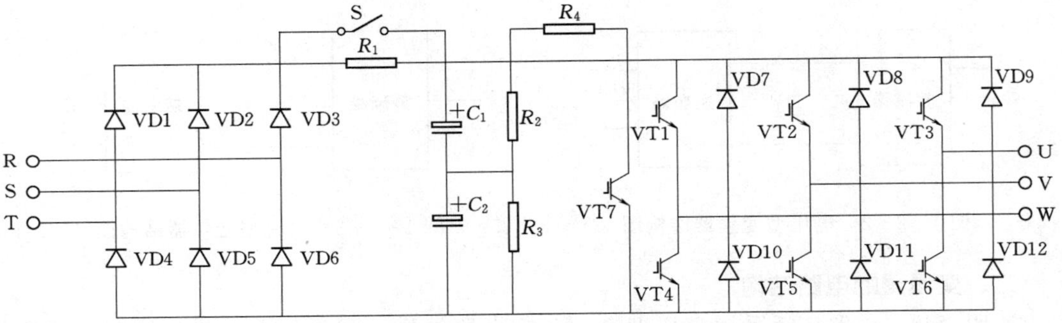

图 1-2-5　变频器的主电路

动机处于电动状态还是发电状态，在直流电路和电动机之间，总会有无功功率的交换，这种无功能量要靠滤波电路的储能元件来缓冲。

2）限流电路。限流电路由电阻 R_1 和开关 S 组成，串接在整流电路和滤波电路之间。它的作用是在变频器接入电源时，保护整流桥免遭过流损坏。当变频器接入电源的瞬间，由于滤波电容两端的电压不能突变，仍然为零。此时滤波电容的充电电流很大，该电流过大时将使整流元件因过流损坏，还可能形成对电网的干扰。为了限制滤波电容的充电电流，在变频器开始接通电源的一段时间内，电路串入限流电阻 R_1。但是，如果 R_1 长期接在电路中，会影响直流电压和变频器输出电压值，并消耗能量。所以当滤波电容上的电压值充电到 75％时，充电电流随之减小到一定值，就将开关 S 闭合、R_1 短接。

3）制动单元。制动单元由 VT7、R_4 组成。电动机的减速和停机过程的实质是减小变频器的输出频率。这时，电动机的同步转速低于实际转速，转子上电流方向反向，电动机处于发电制动状态，负载上的机械能反馈到逆变电路上。回馈电流通过 VD7～VD12 给 C_1、C_2 充电，电容器两端电压升高，当电容器两端电压升到一定值时，控制电路控制制动功率管 VT7 导通，电容通过制动电阻 R_4 和 VT7 放电，电阻发热消耗能量，电容两端电压降低，电动机制动。

4）逆变电路。逆变电路由电力电子全控功率器件 VT1～VT6 和功率二极管 VD7～VD12 构成。它的作用是将直流电变换为频率和电压可调的三相交流电。全控功率器件 VT1～VT6 可采用电力晶体管 GTR、绝缘栅双极管 IGBT 或功率场效应晶体管 MOSFET，在控制电路的控制下交替导通或关断，在输出端得到一系列宽度不等的矩形脉冲波形，通过改变矩形脉冲的宽度，可以控制逆变器输出交流基波电压的幅值。通过改变调制周期，可以控制其输出频率，从而实现输出电压幅值和频率的控制，满足变频调速对电压与频率协调控制的要求。

功率二极管 VD7～VD12 构成续流电路，其功能有：为电动机绕组的无功电流返回直流电路提供通路；当输出频率下降时，电动机的同步转速也随之下降，电动机由电动状态变为发电状态（再生电能），再生电能通过续流电路反馈至直流电路；为电路的寄生电感在逆变过程中释放能量提供通路。

2. 控制电路

高性能变频器的控制电路目前采用以微机为核心的数字控制方式，控制电路是变频器的核心部分，它的性能指标及功能决定了变频器品质的好坏。

（1）主控电路。主控电路是一个高效能的微处理器，配备有高性能的存储器，主要作用有以下三个方面：

1）接受各种信号，其中包括各种功能的预置信号，从键盘或外部输入端输入的给定信号，外部输入端送来的控制信号以及各种检测电路送来的状态信号等。

2）进行基本运算，包括矢量运算、实时计算 SPWM 波形各切换点的时刻以及其他运算等。

3）输出计算结果，包括通过驱动电路对逆变器进行波形变换，显示当前的各种状态，以及输出各种信号到外接端子上，便于测试和调整。

除此之外，主控电路还可以实现各种控制功能和实施各项保护功能。例如对 SPWM 信号进行启动、停止、升速、降速、点动等控制和故障报警、紧急终止输出等。

（2）检测电路。检测电路的主要作用是将变频器主电路和电动机的工作状态反馈到微处理器中，并按照预先确定的算法进行处理后，为各部分电路提供控制信号和保护信号，以达到控制变频器输出的目的和为变频器和电动机提供必要的保护。

（3）保护电路。保护电路的主要作用是由微处理器检测电路得到的各种信号进行算法处理，判断变频器本身或系统是否出现异常，以便进行必要的处理，包括停止变频器的输出。

（4）外部接口电路。外部接口电路通常包括控制指令的输入电路、频率指令输入电路、监测信号输出电路以及通信接口，以便于变频器与计算机、PLC 的网络通信。

（5）操作面板。操作面板一般包括操作键盘、数码显示和状态指示等部分。操作键盘用于向主控电路发出各种指令或控制信号，数码显示器则对主控电路提供的工作数据进行显示，状态指示用于监视变频器的运行状况。

三、变频器的控制方式

理论上，只要调节交流异步电动机的供电频率 f_1，就可以调节其转速 n，从而实现交流异步电动机的无级调速。实际上，只改变供电频率 f_1 并不能正常调速。

由电机学理论知，当交流异步电动机定子绕组通以三相交流电时，定子绕组上的感应电动势为

$$E_1 = 4.44 K_{N1} N_1 f_1 \Phi_m \tag{1-2-1}$$

式中　E_1——定子绕组感应电动势；

K_{N1}——定子绕组系数；

N_1——定子每相绕组匝数；

f_1——定子绕组感应电动势的频率，即电源的供电频率；

Φ_m——每极合成磁通量。

电动机转子上的电磁转矩为

$$T_e = C_T \Phi_m I_2 \cos\varphi_2 \tag{1-2-2}$$

由此得出

$$T_e \propto \Phi_m \tag{1-2-3}$$

上两式中　T_e——电磁转矩；

C_T——转矩常数；

I_2——转子电流；

$\cos\varphi_2$——转子绕组功率因数。

由于定子绕组中的感应电动势 E_1 难以直接控制，我们所能控制的是定子外加电压和外加频率。由异步电动机稳态等效电路方程

$$U_1 = E_1 + I_1 Z \tag{1-2-4}$$

式中　U_1——定子绕组电压；

E_1——定子绕组感应电动势；

I_1——定子绕组电流；

Z——定子绕组阻抗。

式（1-2-4）中，只要定子的外加频率不要太低，则式（1-2-4）中的定子阻抗压降 $I_1 Z$ 比 E_1 小得多。因此，在一般情况下，可以忽略定子阻抗压降 $I_1 Z$，认为

$$U_1 \approx E_1 \tag{1-2-5}$$

由式（1-2-1）和式（1-2-5）则有

$$\Phi_m = \frac{E_1}{4.44 K_{N1} f_1 N_1} \approx \frac{U_1}{4.44 K_{N1} f_1 \mathrm{N}_1} \tag{1-2-6}$$

由此得出

$$\Phi_m \propto \frac{1}{f_1} \tag{1-2-7}$$

由式（1-2-3）和式（1-2-7）可知：

（1）f_1 上升→Φ_m 下降→T_e 下降，即交流异步电动机在频率升高时，转矩下降，如

果负载为恒转矩负载时，会因转矩下降而拖不动，严重时堵转。

(2) f_1 下降→Φ_m 上升，即交流异步电动机在频率下降时，将引起主磁通饱和，励磁电流急剧升高，使电动机铁芯损耗增加。当铁芯深度饱和时，会使绕组过热而损坏电动机。

由此可知，当改变交流异步电动机定子侧频率 f_1 进行调速时，电动机的电磁转矩 T_e、磁通量 Φ_m 都会发生变化。因此，在改变电动机定子侧频率的同时，还必须考虑如何处理和控制其他物理量，以保证调速系统满足生产工艺的要求。

变频器的控制方式代表了变频器的发展水平，下面将对常用的三种控制方式，即U/f恒定控制、矢量控制、直接转矩控制进行介绍。

1. U/f 恒定控制

(1) U/f 恒定控制的基本原理。为了保证在改变异步电动机供电频率 f_1 实现调速时不影响异步电动机的运行性能，应使主磁能 Φ_m 保持恒定。由式（1－2－6）可知，主磁能 Φ_m 是由定子绕组感应电动势 E_1 和电源频率 f_1 共同决定的，只要同时协调 E_1 和 f_1，就可保持 Φ_m 的恒定。对此，需考虑基频（额定频率）以下调速和基频以上调速两种情况。

1) 基频以下调速。由式（1－2－6）可知，要保持 Φ_m 不变，必须使

$$\frac{U_1}{f_1}=\text{常数} \tag{1-2-8}$$

这就是恒压频比的控制方式，简称 U/f 控制，只要保持外加到电动机上的电压 U_1 与频率 f_1 的比值恒定，主磁通 Φ_m 就可以近似保持恒定，从而使电动机的输出转矩 T_e 保持恒定，属恒转矩调速。

但是，低频时，U_1 和 E_1 都较小，定子阻抗压降 I_1Z 不能再忽略。这时可人为地把 U_1 提高一些，以补偿定子压降，这时恒压频比控制特性如图 1－2－6 中的线 2 所示。

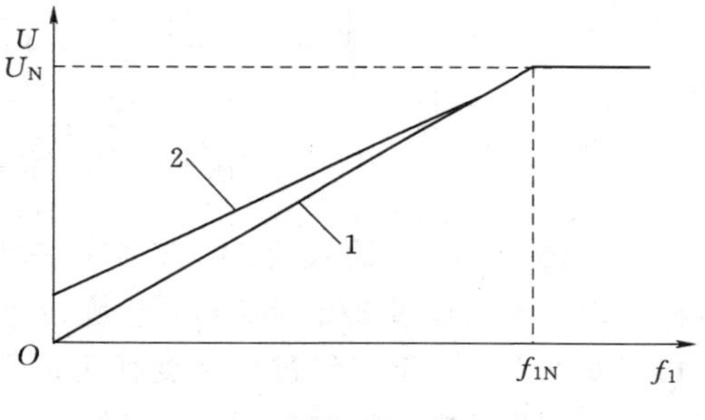

图 1－2－6　恒压频比控制特性

1—无补偿；2—带定子电压补偿

2) 基频以上调速。当外加电源的频率超过电动机的额定频率时，即基频以上，这时电源电压不能再往上调，需保持额定电压 U_N 不变。

由式（1－2－6）可知，当 U_1 保持恒定，f_1 上升时，Φ_m 将下降。由式（1－2－3）可知电磁转矩 $T_e \propto \Phi_m$。因此，当 f_1 上升时，电磁转矩 T_e 将会下降。且调频倍数越大，转速越高，电磁转矩 T_e 将越低，但可以认为两者的乘积 nT_e 近似不变，即 $P_m=T_e\frac{2\pi n}{60}\approx$常数，为恒功率调速。

基频以下、基频以上的变频调速控制特性如图 1－2－7 所示。

(2) U/f 恒定控制的特点及应用。U/f 恒定控制的变频器结构非常简单，成本较低，机械特性硬度较好，能够满足一般传动的平滑调速的要求。但是这种控制方式在低频时，必须进行转矩补偿，以改变低频转矩特性。另外，这种变频器采用开环控制方式，不能达

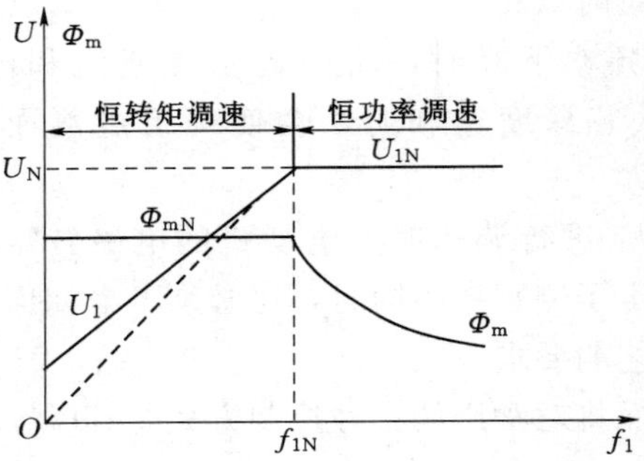

图 1-2-7　变频调速控制特性

到较高的控制性能。所以 U/f 恒定控制一般多用于通用变频器，风机、泵类机械的节能运转及生产流水线的工作台传动、空调等家用电器也采用 U/f 恒定控制的变频器。

2. 矢量控制

(1) 矢量控制的基本原理。矢量控制是一种高性能的交流异步电动机控制方式，它是从直流电动机的调速方法得到启发，利用现代计算机技术解决了大量的计算问题，从而使得矢量控制方式得到了成功的实施。

矢量控制的原理是将交流异步电动机在三相坐标系上的定子交流电流 i_A、i_B、i_C 通过三相/两相变换等效成两相静止坐标系上的交流电流 i_α、i_β，再通过同步旋转变换等效成同步旋转坐标系上的直流电流 i_t 和 i_m，如图 1-2-8 所示。i_m 相当于直流电动机的励磁电流，i_t 相当于与转矩成正比的电枢电流。

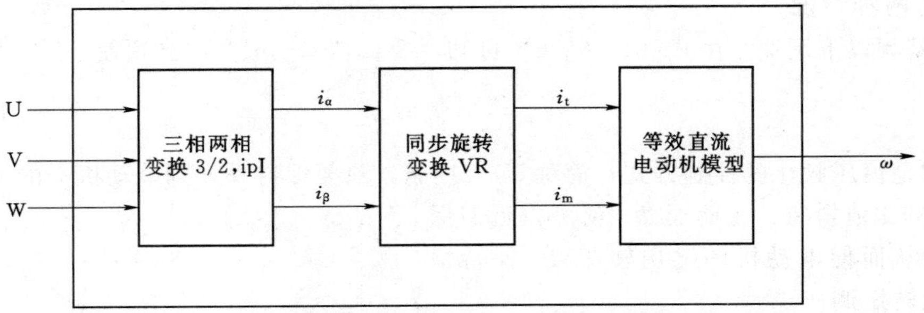

图 1-2-8　异步电动机的坐标变换结构图

从整体上看，输入为 U、V、W 三相电压，输出是转速 ω，是一台三相交流异步电动机。内部看，经过 3/2 变换和同步旋转变换，变成一台由 i_m 和 i_t 输入、ω 输出的直流电动机。既然异步电动机经过坐标变换可以等效成直流电动机，那么模仿直流电动机的控制策略，得到直流电动机的控制量，经过相应的坐标反变换，就能够控制异步电动机了。由此看出，矢量控制实质上是利用坐标变换的手段，将交流电动机的定子电流分解成磁场分量电流和转矩分量电流，并分别加以控制，即模仿解耦的直流电动机的控制方式，对电动机的磁场和转矩分别进行控制，以获得类似于直流调速系统的动态性能。由于进行坐标变换的是电流（代表磁通）的空间矢量，所以这种通过坐标变换实现的控制系统称为矢量控制系统。

高性能的矢量控制都需要检测速度。传统的速度检测需要采用速度传感器，安装昂贵的光电编码器式传感器增加了系统成本，破坏了交流调速系统的简易性，同时也带来一些安装方面的困难。此外，速度传感器不适用于潮湿、粉尘等恶劣环境，所以无速度传感器的矢量控制受到高度重视。无速度传感器的矢量控制，它的速度反馈信号不是来自于速度传感器，是根据变频器测量到的电动机电流、电压和磁通等数据，间接地计算出当前的转速，并进行必要的修正，从而在不同频率下运行时得到较硬机械特性的控制模式。矢量控制系统的性能受电动机参数影响很大，如果电动机参数不准确就不能获得优良的性能。因此，使用正确的电动机参数和进行参数的自整定是应用矢量控制的基础和不可缺少的工作。

（2）矢量控制应符合的条件。

1）变频器只能连接一台电动机。

2）电动机应尽可能采用变频器厂家的原装电动机，若不是原装电动机，应先进行自整定操作。

3）所配备电动机的容量应尽可能与变频器说明书中标明的配用电动机容量相配，最多只能小一个等级。

4）变频器与电动机之间的电缆长度应不大于 50m。

5）变频器与电动机之间接有电抗器时，应使用变频器的自整定功能改写数据。

（3）矢量控制的特点及应用。矢量控制可从零转速进行控制，具有动态响应快、调速范围宽、低频转矩大和控制灵活等优点，使得异步电动机的调速可获得和直流电动机相媲美的调速性能。同时，也存在着系统结构复杂、通用性差（如一台变频器只能带一台电动机，而且与电动机特性有关）等不足之处。

基于矢量控制的优点，其应用前景还是十分广阔的，主要应用在以下方面：

1）要求高速响应的工作机械。如工业机器人驱动系统。

2）适应恶劣的工作环境。如造纸机、印染机等均要求在高温、高湿并有腐蚀性气体的环境中工作。

3）高精度的电力拖动。如钢板和线材卷取机等恒张力控制系统对电力拖动的动、静态精确度都有很高的要求。

4）四象限运转。如高速电梯的拖动。

3. 直接转矩控制

（1）直接转矩控制的基本原理。直接转矩控制是继矢量控制之后发展起来的另一种高性能的异步电动机控制方式，该技术在很大程度上解决了矢量控制的不足，并以新颖的控制思想、简洁明了的系统结构、优良的动静态性能得到了迅速发展。

直接转矩控制的基本原理是在准确观测定子磁链的空间位置和大小并保持其幅值基本恒定以及准确计算负载转矩的条件下，通过控制电动机的瞬时输入电压来控制电动机定子磁链的瞬时旋转速度，改变它对转子的瞬时转差率，从而达到直接控制电动机输出的目的。

直接转矩控制在定子坐标系下分析交流电动机的数学模型，控制电动机的磁链和转矩。它不需要将交流电动机等效为直流电动机，因而省去了矢量旋转变换中的许多复杂计算；它不需要模仿直流电动机的控制，也不需要为解耦而简化交流电动机的数学模式。

（2）直接转矩控制的特点及应用。直接转矩控制具有转矩动态响应好、控制结构简单、计算简便等优点，可在 0.5～50Hz 时得到 150％～200％额定转矩的起动转矩，非常适合用于重载、超重、电力牵引、电梯等设备的拖动。但直接转矩控制在低速时，转矩控制不稳定，易引起传动轴系振荡，它的控制要依赖于精确的电动机数学模型和对电动机参数的自动识别。

知识拓展：

西门子 MM440 变频器接线图如图 1－2－9 所示。

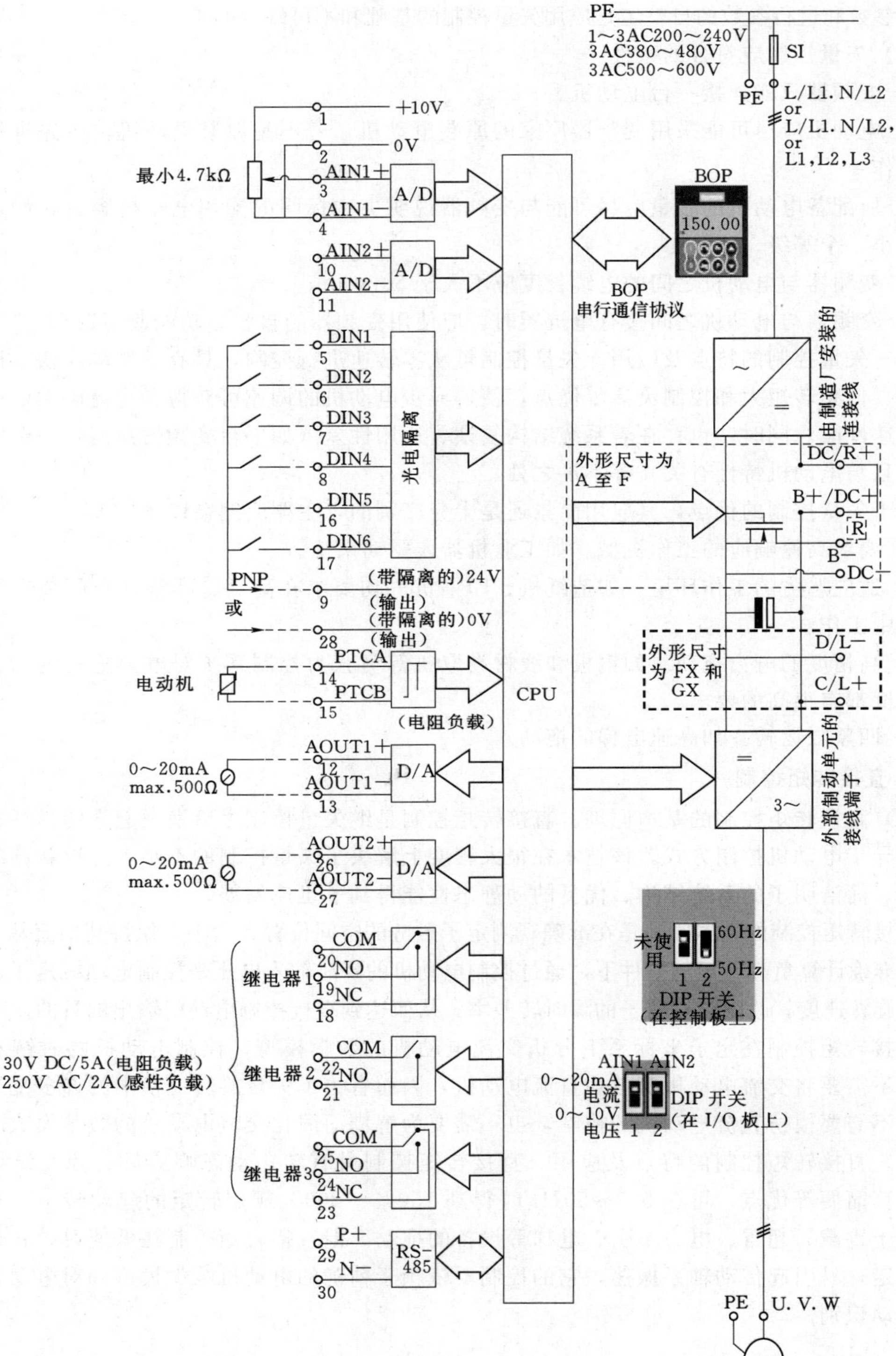

图 1-2-9　MM440 变频器接线图

一、主电路

主电路由输入的单相或三相恒频恒压的交流电源，经整流电路转换成恒定的直流电压，供给逆变电路。逆变电路在 CPU 的控制下，将恒定的直流电压逆变成电压和频率均可调的三相交流电供给电动机负载。由图 1-2-9 可知，MM440 变频器直流环节是通过电容进行滤波的，因此属于电压型交-直-交变频器。

MM440 变频器主电路端子功能见表 1-2-1。

二、控制电路

控制电路由 CPU、模拟输入、模拟输出、数字输入、数字输出、输出继电器触点、操作面板等组成。图 1-2-9 中，端子 1、2 是变频器为用户提供的 10V 直流稳压电源。当采用模拟电压信号输入方式输入给定频率时，为了提高交流变频器调速系统的控制精度，必须配备一个高精度的直流稳压电源作为模拟电压输入的直流电源，MM440 变频器 1、2 端为用户提供了一个高精度的直流电源。

表 1-2-1　MM440 变频器主电路端子功能

标识符	功　　能
L1、L2、L3	变频器主电源进线
U、V、W	变频器输出，接三相交流异步电动机
PE	接地端子

模拟输入 3、4 和 10、11 端为用户提供了两对模拟电压给定输入端作为频率给定信号，经变频器内模数转换器，将模拟量转换成数字量，传输给 CPU 来控制系统。

数字输入 5、6、7、8、16、17 端为用户提供了 6 个完全可编程的数字输入端，数字输入信号经光耦隔离输入 CPU，对电动机进行正反转、正反向点动、固定频率设定值控制等。

输入 9、28 端是 24V 直流电源端，为变频器的控制电路提供 24V 直流电源。

输出 12、13 和 26、27 端为两对模拟输出端；输出 18、19、20、21、22、23、24、25 端为输出继电器的触头；输入 14、15 端为电动机过热保护输入端；输入 29、30 端为 RS-485 端。

MM440 变频器控制电路端子功能见表 1-2-2。

表 1-2-2　MM440 变频器控制电路端子功能

端子号	标识符	功　　能	说　　明
1	—	输出+10V	端子 1、2：变频器自身提供的 10V 直流电源，端子 1 为正极，端子 2 为负极
2	—	输出+0V	
3	AIN1+	模拟输入 1（+）	可以用于 0～10V、0～20mA 和 -10～10V，由 DIP 开关进行拨码设定
4	AIN1-	模拟输入 1（-）	
5	DIN1	数字输入 1	数字输入 1 端子
6	DIN2	数字输入 2	数字输入 2 端子
7	DIN3	数字输入 3	数字输入 3 端子
8	DIN4	数字输入 4	数字输入 4 端子
9	—	带电位隔离的输出+24V	为变频器的控制电路提供 24V 直流电源，端子 9 为正极，端子 28 为负极

续表

<table>
<tr><th>端子号</th><th>标识符</th><th>功　能</th><th colspan="2">说　明</th></tr>
<tr><td>10</td><td>AIN2＋</td><td>模拟输入 2（＋）</td><td colspan="2" rowspan="2">可以用于 0～10V 和 0～20mA，由 DIP 开关进行拨码设定</td></tr>
<tr><td>11</td><td>AIN2－</td><td>模拟输入 2（－）</td></tr>
<tr><td>12</td><td>AOUT1＋</td><td>模拟输出 1（＋）</td><td colspan="2" rowspan="2">模拟输出 1 端子，0～20mA</td></tr>
<tr><td>13</td><td>AOUT1－</td><td>模拟输出 1（－）</td></tr>
<tr><td>14</td><td>PTCA</td><td>连接温度传感器 PTC/KTY84</td><td colspan="2" rowspan="2">电动机热保护端子</td></tr>
<tr><td>15</td><td>PTCB</td><td>连接温度传感器 PTC/KTY84</td></tr>
<tr><td>16</td><td>DIN5</td><td>数字输入 5</td><td colspan="2">数字输入 5 端子</td></tr>
<tr><td>17</td><td>DIN6</td><td>数字输入 6</td><td colspan="2">数字输入 6 端子</td></tr>
<tr><td>18</td><td>RL1－A</td><td>数字输出 1 的动断触点</td><td rowspan="3">数字输出 1 的继电器触点端子</td><td rowspan="8">外加电压：
(1) 直流 30V/5A 电阻负载。
(2) 交流 250V/2A 感性负载</td></tr>
<tr><td>19</td><td>RL1－B</td><td>数字输出 1 的动合触点</td></tr>
<tr><td>20</td><td>RL1－C</td><td>数字输出 1 的公共端</td></tr>
<tr><td>21</td><td>RL2－B</td><td>数字输出 2 的动合触点</td><td rowspan="2">数字输出 2 的继电器触点端子</td></tr>
<tr><td>22</td><td>RL2－C</td><td>数字输出 2 的公共端</td></tr>
<tr><td>23</td><td>RL3－A</td><td>数字输出 3 的动断触点</td><td rowspan="3">数字输出 3 的继电器触点端子</td></tr>
<tr><td>24</td><td>RL3－B</td><td>数字输出 3 的动合触点</td></tr>
<tr><td>25</td><td>RL3－C</td><td>数字输出 3 的公共端</td></tr>
<tr><td>26</td><td>AOUT2＋</td><td>模拟输出 2（＋）</td><td colspan="2" rowspan="2">模拟输出 2 端子，0～20mA</td></tr>
<tr><td>27</td><td>AOUT2－</td><td>模拟输出 2（－）</td></tr>
<tr><td>28</td><td>—</td><td>带电位隔离的输出＋0V</td><td colspan="2">24V 直流电源，端子 28 为负极</td></tr>
<tr><td>29</td><td>P＋</td><td>RS－485 串口</td><td colspan="2" rowspan="2">RS－485 端口</td></tr>
<tr><td>30</td><td>P－</td><td>RS－485 串口</td></tr>
</table>

习　题

1. 交-直-交变频器主电路由几个模块构成？每个模块的作用是什么？
2. 为什么变频器要设置许多 U/f 线供用户选择？
3. 矢量控制的理念是什么？矢量控制有什么优点？
4. 为什么变频器的输入端与输出端不允许接反？

任务三　变频器的功能设定

知识目标：

（1）认知变频器的频率给定方式。

（2）认知变频器的频率参数。

（3）认知变频加、减速模式的特点。

（4）认知变频器各种停车方式的特点。

技能目标：

（1）能正确选择变频器的频率给定方式。

（2）能正确进行频率参数的选择。

（3）能正确进行加、减速时间和模式的选择。

（4）能正确设置停车方式。

任务描述：

应根据负载的特点，对变频器的加、减速时间等功能参数进行正确的设定。

任务分析：

变频器拖动负载的效果必须符合用户的要求，但是由于负载的多样性，变频器还必须设置相应的参数以满足负载的要求。

知识链接：

一、变频器的频率给定方式

要调节变频器的输出频率，必须首先向变频器提供改变频率的信号，这个信号称为给定信号。所谓给定方式，就是调节变频器输出频率的具体方法，也就是提供给定信号的方式。变频器常见的频率给定方式主要有面板给定、预置给定、外部模拟信号给定、通信方式给定，须按照实际所需进行选择设置。

1. 面板给定

通过面板上的键盘或电位器进行频率给定的方法，称为面板给定方式。该给定方式最大的优点是简单、方便、醒目（可选配 LED 数码显示和中文 LCD 液晶显示）。面板给定又有两种情况：

（1）键盘给定。频率的大小通过键盘上的增加键▲和减少键▼来进行给定。键盘给定属于数字量给定，精度较高。

（2）电位器给定。部分变频器在面板上设置了电位器，频率大小也可以通过电位器来调节。电位器给定属于模拟量给定，精度稍低。

2. 预置给定

通过程序预置的方法预置给定频率。启动时，按运行键，变频器即自行升速至预置的给定频率。

3. 外部模拟信号给定

从控制接线端上引入外部的模拟信号，如电压或电流信号，运行频率就可随模拟信号的大小变化。

电流信号在传输过程中，不受线路电压降、接触电阻及其压降、杂散的热电效应及感应噪声等影响，抗干扰能力较电压信号强。但由于电流信号电路比较复杂，故在距离不远的情况下，仍以选用电压给定为模拟量信号居多。

4. 外接数字量给定

通过外接开关量端子输入开关信号进行给定。这里也有两种方法：一是把开关做成频率的增大或减小键，开关闭合时给定频率不断增加或减少，开关断开时给定频率保持；二是用开关的组合选择已设定好的固有频率，即多段调速。

5. 通信给定

从变频器的通信接口端引入外部的信号进行频率给定，如 USS 通信、PROFIBUS 通信等。这种方法常用于微机控制或远程控制的情况。

二、变频器的各种参数

1. 变频器的频率参数

(1) 给定频率。给定频率是用户根据生产工艺的需求希望变频器输出的频率。给定频率是与给定信号相对应的频率。MM440 变频器给定信号的选择，由参数 P1000 设定。

(2) 输出频率。输出频率即变频器实际输出的频率。当电动机所带的负载变化时，为使拖动系统稳定，此时变频器的输出频率会根据系统情况不断地被调整。因此，输出频率是在给定频率附近经常变化的。从另一个角度来说，变频器的输出频率就是整个拖动系统的运行频率。

(3) 上、下限频率。上、下限频率也称变频器输出的最高、最低频率，常用 f_H、f_L 来表示。根据拖动系统所带的负载不同，有时要对电动机的最高、最低转速给予限制，以保证拖动系统的安全和产品的质量，常用的方法就是给变频器的上、下限频率进行赋值。当变频器的给定频率高于上限频率 f_H 或者低于下限频率 f_L 时，变频器的输出频率将被限制在 f_H 或 f_L。MM440 变频器的上、下限频率分别用参数 P1082 和 P1080 来设定。

例如，预置 P1082＝50Hz，P1080＝10Hz。当给定频率为 40Hz 时，则输出频率与给定频率一致。当给定频率为 60Hz 时，则输出频率为 50Hz。

(4) 基准频率。基准频率也称为基本频率，常用 f_b 表示。一般以电动机的额定频率 f_N 作为基本频率的给定值。

(5) 跳跃频率。跳跃频率也称为回避频率，是指不允许变频器连续输出的频率，常用 f_J 表示。任何机械在运转过程中，都或多或少会产生振动。每台机器又都有一个固有振荡频率，它取决于机械的结构。如果生产机械运行在某一转速下时，所引起的振荡频率和机械的固有振荡频率相吻合的话，则机械的振动将因发生谐振而变得十分强烈，并可能导致机械损坏的严重后果。为了避免这一情况出现，变频器跳过一些不运行的频率，称为跳跃频率。MM440 变频器可设置 4 个跳跃频率点，分别由参数 P1091～P1094 设置，跳跃频率的频带宽度由参数 P1101 设置，如图 1-3-1 所示。

例如，P1091＝15 Hz，P1101＝1 Hz，则变频器在 14～16 Hz 范围内不能连续运行，而是跳跃过去。

(6) 点动频率。点动频率是指变频器在点动时的给定频率。生产机械在调试以及每次新的加工过程开始前常需进行点动，以观察整个拖动系统各部分的运转是否良好。为防止意外，大多数点动运转的频率都较低。如果每次点动前都需将给定频率修改成点动频率是很麻烦的，所以一般的变频器都提供了预置点动频率的功能。

2. 加、减速时间及模式

(1) 加速时间。加速时间是指电动机从静止状态加速到上限频率所需要的时间。MM440 变频器中，加速时间由参数 P1120 设定，如图 1-3-2 所示。

加速时间的设定要兼顾启动电流和启动时间。加速时间设置的约束是将启动电流限制在过电流范围内，不应使过电流保护器动作，以确保电动机在 1.5 倍的额定电流下能平稳

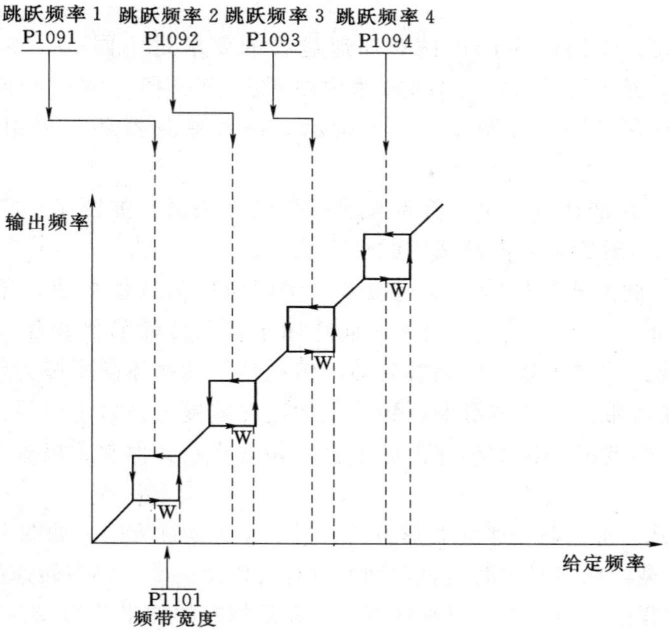

图 1-3-1　跳跃频率设置图

过渡到正常运行状态。一般情况下负载重时加速时间长，负载轻时加速时间短。可用试验的方法调整加速时间的长短，一般使启动过程中的电流不超过额定电流的 1.1 倍为宜。

（2）减速时间。减速时间是指电动机从上限频率减速到静止停车所需要的时间。MM440 变频器中，减速时间由参数 P1121 设定，如图 1-3-3 所示。

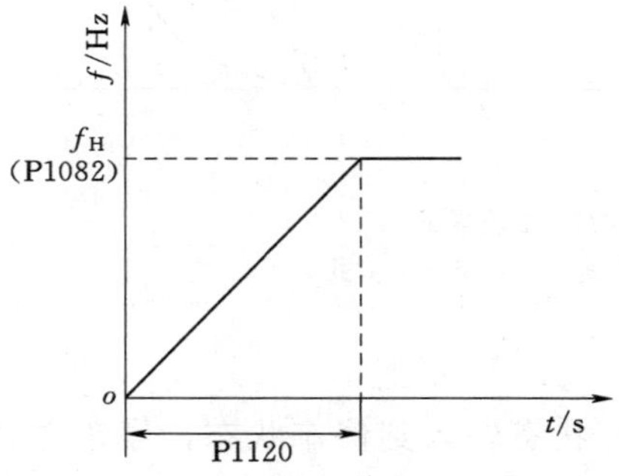

图 1-3-2　变频器加速时间

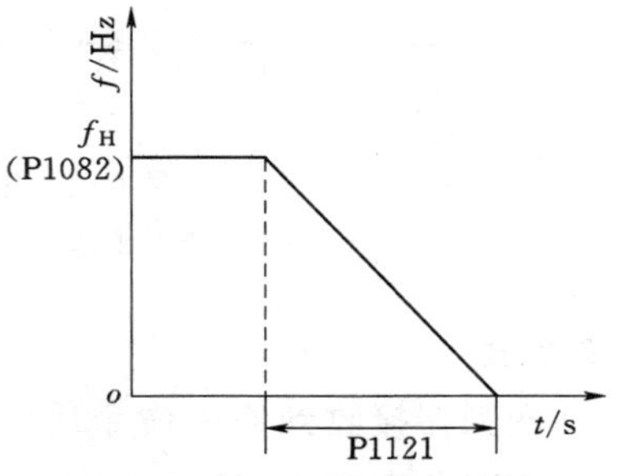

图 1-3-3　变频器减速时间

减速时间的设定要兼顾制动电流和制动时间。电动机在减速运行期间，电动机可能处于再生发电制动状态，传动系统中所储存的机械能转换为电能并通过逆变器反馈到直流侧，可能导致中间回路电压过高。重负载制动时，制动电流大可能损坏电路，设置合适的减速时间，可减小制动电流。水泵制动时，快速停车会造成管道“空化”现象，就是管道内液体由于突然断流造成的液体流的瞬间断裂，在液体内部由于负压作用出现空洞。空化作用会形成强烈的振动和噪声，对管道及系统可靠性造成一定损害，甚至会造成薄弱点的撕裂损坏管道。

(3) 加速模式。不同的生产机械对加速过程的要求是不同的。变频器就根据各种负载的不同要求，给出了各种不同的加速曲线供用户选择。常见的曲线有线性方式、S形方式和半S形方式等，如图1-3-4所示。一些变频器还可以由用户自行设定加速模式曲线。

1）线性方式。在加速过程中，频率与时间呈线性关系，如图1-3-4（a）所示。如果没有特殊要求，一般的负载大都选用线性方式。

2）S形方式。此方式初始阶段加速缓慢，中间阶段为线性加速，尾段加速度又逐渐减为零，如图1-3-4（b）所示。这种曲线适用于某些传输易倒物品（如玻璃瓶）的带式输送一类的负载。这类负载往往满载启动，传送带上的物体静摩擦力较小，刚启动时加速较慢，以防止输送带上的物体滑倒，到尾段加速度减慢也是这个原因。此外，某些在开始或终止加速时，需要减小振动和冲击的场合，如电梯及其他起重机械等，也以采用S形方式为宜。

3）半S形方式。加速时一半为S形方式，另一半为线性方式，如图1-3-4（c）所示。对于风机和泵类负载，低速时负载较轻，加速过程可以快一些。随着转速的升高，其阻转矩迅速增加，加速过程应适当减慢。反映在图上，就是加速的前半段为线性方式，后半段为S形方式。而对于一些惯性较大的负载，加速初期加速过程较慢，到加速的后半段可适当提高其加速过程。反映到图上，就是加速的前半段为S形方式，后半段为线性方式。

减速模式也有线性方式、S形方式和半S形方式等，应用场合和加速时相同。

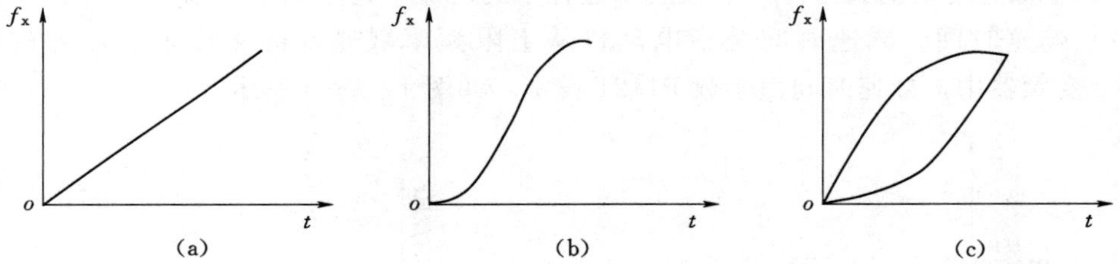

图1-3-4　变频器的加速模式

(a) 线性方式；(b) S形方式；(c) 半S形方式

3. 停车方式

MM440变频器接收到停机命令后就从运行状态转入到停车状态，停车方式有三种：OFF1方式、OFF2方式和OFF3方式。

(1) OFF1停车方式。该方式为一般负载的正常停车方式。当OFF1停车命令有效时，变频器输出频率按照参数P1121所设定的斜坡下降时间停车，即从P1082设置的最高频率下降到0，如图1-3-5所示。由于输出频率下降斜率可以调节，它能实现可控软停车。当MM440变频器的启/停命令采用同一个数字端子控制时，变频器采用OFF1停车方式，OFF1命令为边沿触发方式。例如当参数P0701=1时，当DIN1端为上升沿时电机正转启动，当DIN1端为下降沿时电机将采用OFF1停车。该停车方式适用于大部分负载的停车。

(2) OFF2 停车方式。该方式为自由停车方式。当 OFF2 停车命令有效时，变频器立即中止输出，输出频率立刻降为零，如图 1-3-6 所示。这时电动机的电源被切断，电动机按照机械惯性自由停止，停车时间的长短由拖动系统的惯性决定。应注意，OFF2 命令为电平触发方式且低电平有效。该方式适用于设备要急停，配合机械抱闸使用。

(3) OFF3 停车方式。该方式为快速停车方式。当 OFF3 停车命令有效时，变频器将按照 P1135 所设定的斜坡下降时间停车，如图 1-3-7 所示。该方式适用于设备需要快速停车的场合。

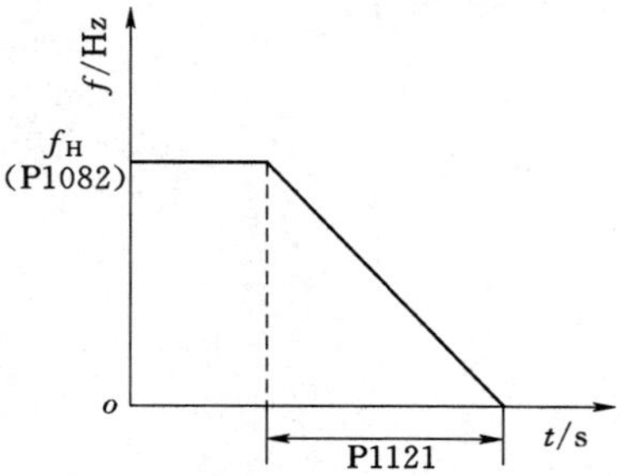

图 1-3-5　OFF1 停车方式

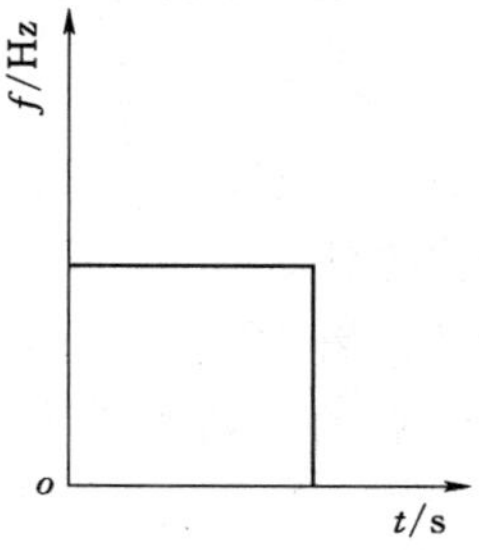

图 1-3-6　OFF2 停车方式

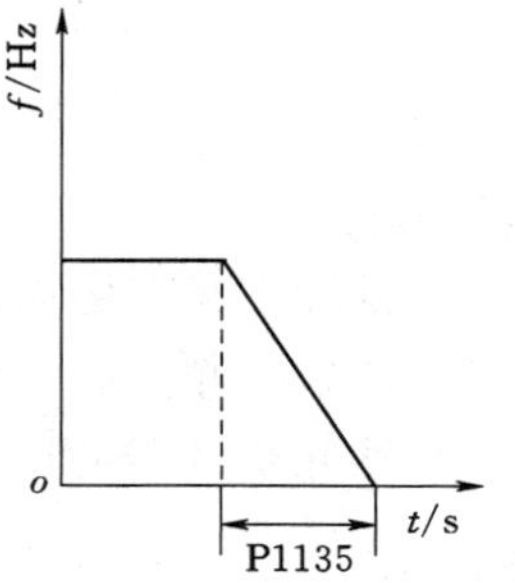

图 1-3-7　OFF3 停车方式

习　　题

1. 变频器为什么要设置上限频率和下限频率?

2. 如果变频器加速时间、减速时间设为 0，启动时会出现什么问题? 加、减速时间应根据什么来设置?

3. 在什么情况下要选用变频器的回避频率?

项目二

变频器的基本应用

任务一　变频器的面板操作与运行

知识目标：

（1）认知变频器的面板操作方法。

（2）认知变频器的功能参数设置方法。

（3）认知变频器的正反转、点动、频率调节方法。

技能目标：

（1）能按照接线图正确进行接线。

（2）能正确进行正反转、点动、频率调节等变频器的面板操作。

（3）能进行快速参数调试、功能参数调试。

任务描述：

变频器 MM440 系列是德国西门子公司广泛应用于工业场合的多功能标准变频器。它采用高性能的矢量控制技术，提供低速高转矩输出和良好的动态特性，同时具备超强的过载能力，以满足广泛的应用场合。对于变频器的应用，必须首先熟练对变频器的面板操作，以及根据实际应用，对变频器的各种功能参数进行设置。

任务分析：

利用变频器的操作面板并设置相关参数，即可实现对变频器的某些基本操作如正反转、点动等。

知识链接：

一、面板介绍

MM440 变频器可配置基本操作面板（BOP）、高级操作面板（AOP）和状态显示板（SDP）。介绍基本操作面板（BOP）的使用。

基本操作面板（BOP）如图 2－1－1 所示，具有以下功能：

图 2－1－1　BOP 操作面板图

（1）显示功能。BOP 具有 5 位数字的七段显示码，可显示参数号、参数值、报警/故障信息和运行状态值。

（2）用 BOP 上的按键可修改参数。

（3）控制功能。可实现变频器的启停控制，改变转动方向的控制、点动控制。注意：MM440 变频器出厂缺省值时，只能由数字量输入信号控制电机运行，BOP 上的按键被封锁（禁止使用），需要修改参数后才能使用。

BOP 操作面板上各功能键功能见表 2-1-1。

表 2-1-1　　BOP 基本操作面板上的按钮功能

显示/按钮	功　能	功　能　说　明
	状态显示	LCD 显示变频器当前的设定值
	启动变频器	按此键启动变频器。缺省值运行时此键是被封锁的。为了允许此键操作，应设定 P0700=1
	停止变频器	OFF1：按此键，变频器将按选定的斜坡下降速率减速停车。缺省值运行时此键被封锁；为了允许此键操作，应设定 P0700=1。 OFF2：按此键两次（或一次，但时间较长），电动机将在惯性作用下自由停车。此功能总是"使能"的
	改变电动机的转动方向	按此键可以改变电动机的转动方向。电动机的反向运行用负号（一）或闪烁的小数点表示。缺省值运行时此键是被封锁的，为了使此键的操作有效，应设定 P0700=1
	电动机点动	在变频器无输出的情况下按此键，将使电动机启动，并按预设定的点动频率运行。释放此键时，变频器停车。如果变频器/电动机正在运行，按此键将不起作用
	功能	此键用于浏览辅助信息。 变频器运行过程中，在显示任何一个参数时按下此键并保持不动 2s，将显示以下参数值（在变频器运行中，从任何一个参数开始）： （1）直流回路电压（用 d 表示，单位：V）。 （2）输出电流（A）。 （3）输出频率（Hz）。 （4）输出电压（用 o 表示，单位：V）。 （5）由 P0005 选定的数值 [如果 P0005 选择显示上述参数中的任何一个（3，4 或 5），这里将不再显示]。 连续多次按下此键，将轮流显示以上参数。 跳转功能： 在显示任何一个参数（r×××× 或 P××××）时短时间按下此键，将立即跳转到 r0000，如果需要的话，可以接着修改其他的参数。跳转到 r0000 后，按此键将返回原来的显示点
	访问参数	按此键即可访问参数
	增加数值	按此键即可增加面板上显示的参数数值
	减少数值	按此键即可减少面板上显示的参数数值

二、快速调试流程图

快速调试流程，如图 2-1-2 所示。

P0010 开始快速调试
0 准备运行
1 快速调试
30 工厂的缺省设置值

说明
在电动机投入运行之前，P0010 必须回到“0”。但是，如果调试结束后选定 P3900＝1，那么，P0010 回零的操作是自动进行的

↓

P0100 选择工作地区是欧洲/北美
0 功率单位为 kW；*f* 的缺省值为 50Hz
1 功率单位为 HP；*f* 的缺省值为 60Hz
2 功率单位为 kW；*f* 的缺省值为 60Hz

说明
P0100 的设定值 0 和 1 应该用 DIP 关来更改，使其设定的值固定不变

↓

P0304 电动机的额定电压
10～2000V
根据铭牌键入的电动机额定电压(V)

↓

P0305 电动机的额定电流
0～2 倍变频器额定电流(A)
根据铭牌键入的电动机额定电流(A)

↓

P0307 电动机的额定功率
0～2000kW
根据铭牌键入的电动机额定功率(kW)
如果 P0100＝1，功率单位应是 HP

↓

P0310 电动机的额定频率
12～650Hz
根据铭牌键入的电动机额定频率(Hz)

↓

P0311 电动机的额定转速
0～40000r/min
根据铭牌键入的电动机额定速度(r/min)

↓

P0700 选择命令源
接通/断开/反转(on/off/reverse)
0 工厂设置值
1 基本操作面板(BOP)
2 输入端子/数字输入

↓

P1000 选择频率设定值
1 用 BOP 控制频率的升降
2 模拟设定值
3 固定频率设定值

↓

P1080 电动机最小频率
本参数设定电动机的最小频率(0～650Hz)；达到这一频率时电动机的运行速度将与频率的设定值无关

↓

P1082 电动机最大频率
本参数设定电动机的最大频率(0～650Hz)；达到这一频率时电动机的运行速度将与频率的设定值无关

↓

P1120 斜坡上升时间
0～650s
电动机从静止停车加速到最大电动机频率所需的时间

↓

P1121 斜坡下降时间
0～650s
电动机从其最大频率减到静止停车所需的时间

↓

P3900 结束快速调试
0 结束快速调试，不进行电动机计算或复位为工厂缺省设置值。
1 结束快速调试，进行电动机计算和复位为工厂缺省设置值(推荐的方式)。
2 结束快速调试，进行电动机计算和 I/O 复位。
3 结束快速调试，进行电动机计算，但不进行 I/O 复位

图 2-1-2　快速调试流程图

提示：

（1）变频器出厂时已按相同额定功率的西门子四极标准电动机的常规应用对象进行编程。如果用户采用的是其他型号的电动机，就必须输入电动机铭牌上的规格数据。

（2）除非 P0010＝1，否则是不能修改电动机参数的。

（3）为了使电动机开始运行，必须将 P0010 返回“0”值。快速调试设置完成后，使 P0010＝0 或者使 P3900＝1 变频器处于准备状态可正常运行。

（4）快速调试具有参数过滤功能，当 P0010＝1 后，显示的是快速调试的参数。

（5）注意：如果设定的斜坡上升时间太短，有可能导致变频器过电流跳闸；同样，如果设定的斜坡下降时间太短，有可能导致变频器过电流或过电压跳闸。

【例 1】　典型的电动机铭牌参数设置，如图 2－1－3 所示。

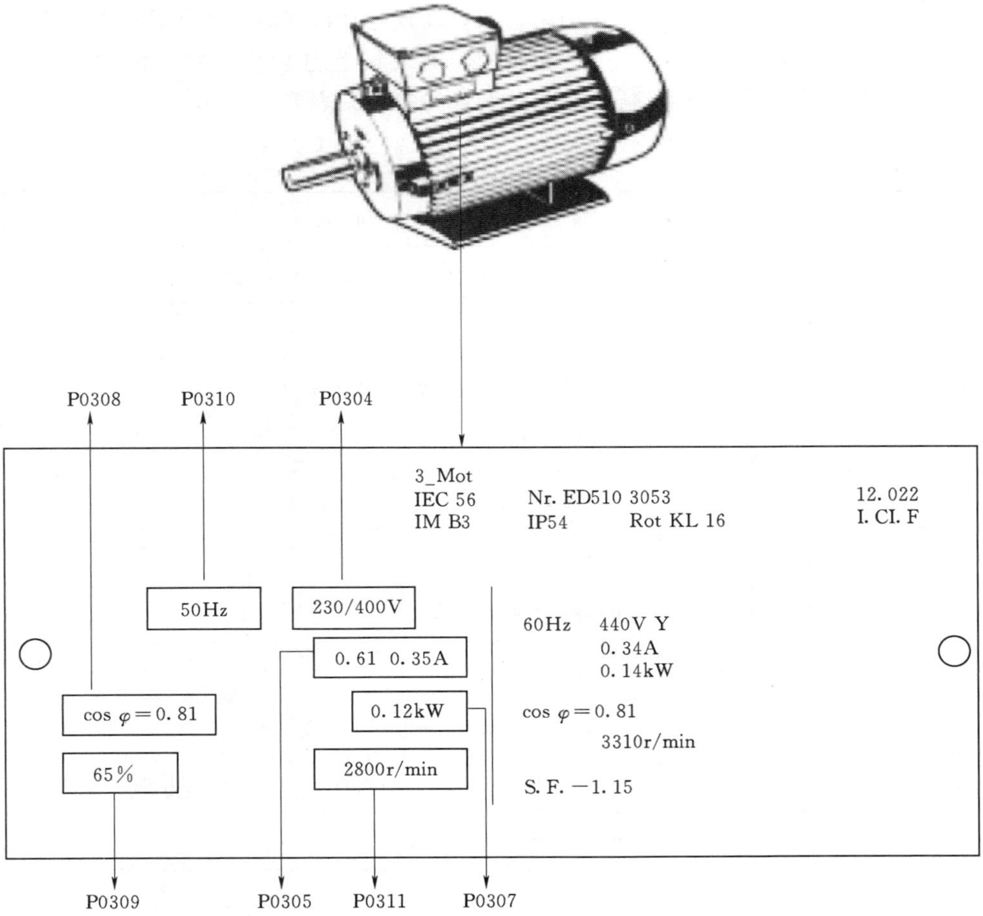

图 2－1－3　典型的电动机铭牌参数设置

实施步骤：

一、接线

按图 2－1－4 所示电路接线。检查电路正确无误后，合上主电源开关 QS。

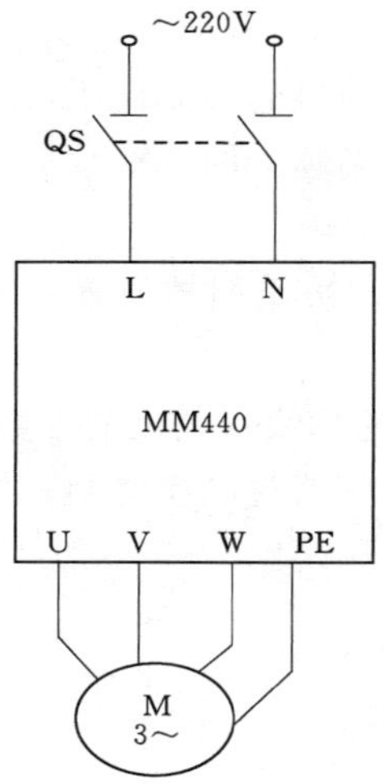

图 2-1-4　MM440 变频器基本接线图

二、参数设置

（1）恢复变频器工厂缺省值。设置的参数见表 2-1-2。

表 2-1-2　恢复工厂设置参数

步　骤	设置参数	功　能　说　明
1	P0003=1	设用户访问级为标准级
2	P0010=30	工厂的设定值
3	P0970=1	参数复位

（2）设置电动机参数。为了使电动机与变频器相匹配，需要设置电动机参数。使用快速调试功能。设置的参数见表 2-1-3。

表 2-1-3　电 动 机 参 数

步　骤	设 置 参 数	功　能　说　明
1	P0003=1	设定用户访问级为标准级
2	P0010=1	快速调试
3	P0100=0	功率以 kW 表示，供电电源频率为 50Hz
4	P0304=220	电动机额定电压/V
5	P0305=0.3	电动机额定电流/A
6	P0307=0.025	电动机额定功率/kW
7	P0310=50	电动机额定频率/Hz
8	P0311=1300	电动机额定转速/(r/min)
9	P0700=1	选择命令源，设为 1 时由 BOP 的键盘设置
10	P1000=1	频率设定值的选择。设为 1 时可由 BOP 的键盘进行加减频率值
11	P1080=0	电动机运行的最低频率/Hz
12	P1082=50	电动机运行的最高频率/Hz
13	P1120=10	斜坡上升时间/s
14	P1121=10	斜坡下降时间/s
15	P3900=1	结束快速调试，并自动把 P0010=0，使变频器进入准备运行状态

（3）设置面板操作参数。面板操作控制参数见表 2-1-4。

表 2-1-4　　面板基本操作控制参数

步　骤	设 置 参 数	功　能　说　明
1	P0003=2	设用户访问级为扩展级
2	P0004=10	参数过滤器，为了更快地找到 P1040 等命令
3	P1040=20	设定键盘控制的频率值（Hz）。在没有用　键改变频率值之前，默认以此频率运行
4	P1058=10	正向点动频率/Hz
5	P1059=10	反向点动频率/Hz
6	P1060=5	点动斜坡上升时间/s
7	P1061=5	点动斜坡下降时间/s

三、变频器运行操作

1. 正转启动

在变频器的操作面板上按启动键，变频器将驱动电动机正转升速，并运行在由 P1040 所设定的频率 20Hz 对应的转速（1300/50）×20=520 r/min 上。

2. 反转运行

在已经正转启动的基础上，在变频器的操作面板上按正反转键，可实现反转运行。反转时显示屏上显示的频率带有负号。

3. 加减速运行

电动机的转速（运行频率）可直接通过按操作面板上的增加键、减少键来改变。

4. 电动机停车

在变频器的操作面板上按停止键，则变频器将驱动电动机降速至零。

5. 点动运行

在电机已经停车的前提下，按下变频器操作面板上的点动键，则变频器驱动电动机升速，并运行在由 P1059 所设置的反向点动频率值 10Hz 上。当松开变频器操作面板上的点动键，则变频器将驱动电动机降速至零。这时，如果按下变频器操作面板上的换向键，再按点动键，电动机可在变频器的驱动下正向点动运行。

习　题

1. 如果电机运行频率为 15Hz；正向和反向的点动频率为 8Hz；电机运行的最高频率为 30Hz。应该如何修改参数？

2. 怎样设置变频器的最大和最小运行频率？

3. 有一个提升机应用，请配置变频器参数以满足用户以下要求：

（1）正反转提升，速度为 40 Hz。

（2）点动定位功能，点动速度取 5Hz。

4. 请配置变频器参数使其实现以下控制功能：

（1）离心式水泵负载，正向运行。

（2）低速为 5Hz，低速滑行 10s 后自由停车。

（3）具有自由滑行停车功能。

任务二　变频器的端子操作控制

知识目标：

（1）认识变频器数字输入端子常用操作控制的接线原理。

（2）认识变频器数字输入端子常用操作控制的参数设置方法。

技能目标：

（1）能正确进行变频器数字输入端子常用操作控制的接线。

（2）能正确进行变频器数字输入端子常用操作控制的相关参数设置和调试。

任务描述：

变频器在实际使用中经常被用作控制各类机械的正转、反转和点动。例如，车床主轴的前进、后退，上升、下降，进刀、退刀等，都需要电动机的正转、反转和点动运行。

现有一台三相异步电动机，其额定功率为 180W，额定电流为 0.4A，额定电压为 380V。现需要用变频器数字输入端子进行正转、反转和点动控制，通过参数设置来进行变频器的正转、反转和点动运行。要求输出频率为 35Hz，点动频率为 15Hz，加、减速时间为 10s。

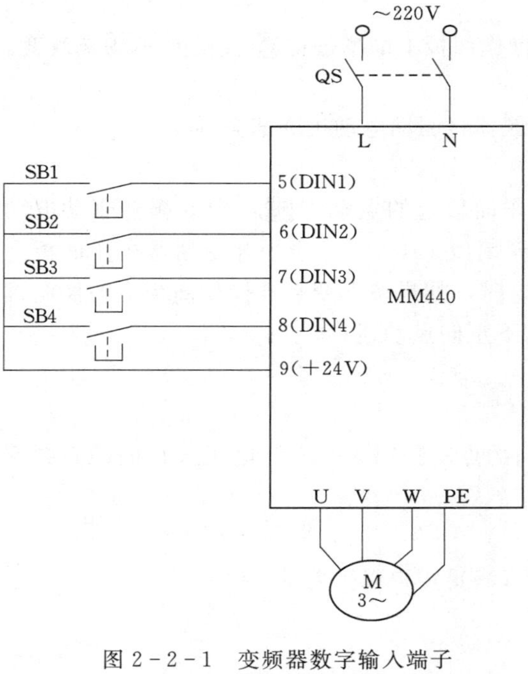

图 2-2-1　变频器数字输入端子操作控制接线图

任务分析：

本任务通过变频器的数字输入端子实现。西门子 MM440 变频器有 6 个数字输入端子 DIN1～DIN6，分别与引脚“5”“6”“7”“8”“16”“17”对应。本任务中使用其中 4 个数字输入端子，分别使用 DIN1、DIN2、DIN3、DIN4 端子实现变频器的正转、反转、正向点动、反向点动控制。

实施步骤：

一、接线

按照图 2-2-1 所示电路进行接线，检查电路正确无误后，合上电源开关 QS。

二、参数设置

（1）在变频器通电的情况下，按照表 2-2-1 设置变频器参数。

表 2-2-1　　变频器数字输入端子操作控制变频器参数设置

步　骤	设　置　参　数	功　能　说　明
1	参数复位	
2	P0010=1	快速调试开始
3	P0304=380	电动机额定电压/V
4	P0305=0.4	电动机额定电流/A
5	P0307=0.18	电动机额定功率/kW
6	P0310=50	电动机额定频率/Hz
7	P0311=1400	电动机额定转速/(r/min)
8	P0700=2	数字输入端子控制变频器启停
9	P1000=1	频率给定值由 BOP 设定
10	P1120=10	斜坡上升时间/s
11	P1121=10	斜坡下降时间/s
12	P3900=1	结束快速调试，进行电动机数据计算，并且将不包括在快速调试中的其他全部参数都复位为出厂设定
13	P0003=2	设定参数访问级为扩展级
14	P0701=1	设置数字输入端 DIN1，接通正转，断开停车
15	P0702=2	设置数字输入端 DIN2，接通反转，断开停车
16	P0703=10	设置数字输入端 DIN3，接通正向点动
17	P0704=11	设置数字输入端 DIN4，接通反向点动
18	P1040=35	运行频率设定值/Hz
19	P1058=15	正向点动频率/Hz
20	P1059=15	反向点动频率/Hz
21	P1060=5	点动斜坡上升时间/s
22	P1061=5	点动斜坡下降时间/s

(2) 参数含义及设定操作。

1) P0700：选择命令源。此参数为选择数字的命令信号源，本次任务此参数的设定值为 2，即数字输入端子控制变频器启停。

2) P0701：数字输入端子 DIN1 的功能。MM440 变频器共有 6 个数字输入端子，本次任务中选择数字输入端子 DIN1 来完成正转控制要求，所以需要将设定值选择为 1，即接通正转，断开停车功能。

3) P0702：数字输入端子 DIN2 的功能。本次任务中选择数字输入端子 DIN2 来完成反转控制要求，所以需要将设定值选择为 2，即接通反转，断开停车功能。

4) P0703：数字输入端子 DIN3 的功能。本次任务中选择数字输入端子 DIN3 来完成正向点动控制要求，所以需要将设定值选择为 10，即接通正向点动功能。

5) P0704：数字输入端子 DIN4 的功能。本次任务中选择数字输入端子 DIN4 来完成反向点动控制要求，所以需要将设定值选择为 11，即接通反向点动功能。

三、变频器运行操作

1. 正转运行

闭合开关SB1，数字输入端子DIN1接通，电动机按照P1120所设置的斜坡上升时间正转运行，直至稳定运行在P1040所设置的35Hz运行频率上。断开SB1，数字输入端子DIN1断开，电动机按照P1121所设置的斜坡下降时间停止。

2. 反转运行

闭合开关SB2，数字输入端子DIN2接通，电动机按照P1120所设置的斜坡上升时间反转运行，直至稳定运行在P1040所设置的35Hz运行频率上。断开SB2，数字输入端子DIN2断开，电动机按照P1121所设置的斜坡下降时间停止。

3. 正向点动运行

闭合SB3，数字输入端子DIN3接通，电动机按照P1060所设置的点动斜坡上升时间正向启动，直至稳定在P1058所设置的15Hz正向点动运行频率上。断开SB3，数字输入端子DIN3断开，电动机按照P1061所设置的点动斜坡下降时间停止。

4. 反向点动运行

闭合SB4，数字输入端子DIN4接通，电动机按照P1060所设置的点动斜坡上升时间反向启动，直至稳定在P1059所设置的15Hz反向点动运行频率上。断开SB4，数字输入端子DIN4断开，电动机按照P1061所设置的点动斜坡下降时间停止。

习　　题

1. 西门子MM440变频器的数字输入端子有几个？分别是哪几个端子？

2. 电动机正转运行控制，要求稳定运行频率为40Hz，数字输入端子DIN3设为正转控制。请画出变频器外部接线图，并进行参数设置、操作调试。

3. 利用变频器数字输入端子实现电动机正转、反转和点动的功能，电动机加减速时间为8s，点动频率为20Hz。数字输入端子DIN5设为正转控制，数字输入端子DIN6设为反转控制。请画出变频器外部接线图，并进行参数设置、操作调试。

任务三　变频器的多段调速

知识目标：

（1）认识变频器多段调速常用操作控制的接线原理图。

（2）认识变频器多段调速常用操作控制的参数设置方法。

技能目标：

（1）能正确进行变频器多段调速常用操作控制的接线。

（2）能正确进行变频器多段调速常用操作控制的相关参数设置和调试。

任务描述：

工业离心机也称为分离机，通过离心力的作用完成混合物的固体或液体的分离工作。

老式的工频离心机电机的启动电流大、机械振动大、启停时间长、工作效率低。采用变频器控制离心机可以有效地减少启动时的冲击电流。

本任务是模拟某化工厂工业离心机的工艺过程，完成 4 段调速。

任务分析：

根据工业离心机工艺特点，在开始阶段物料主要是固液混合物，刚启动时负载相对较大，当达到一定的转速时液体在离心力的作用下由离心外侧流出，这样部分液体先被分离出来，随着电机转速的进一步提高，负载也相应减小。根据工艺要求，一般分为几个不同转速运行以达到分离效果。

某化工厂工业离心机工艺如图 2-3-1 所示，要实现进料、洗涤、脱水、刮刀 4 段速度控制，进料时运行速度为 6Hz，洗涤时运行速度为 10Hz，脱水时运行速度为 50Hz，刮刀时运行速度为 26Hz。

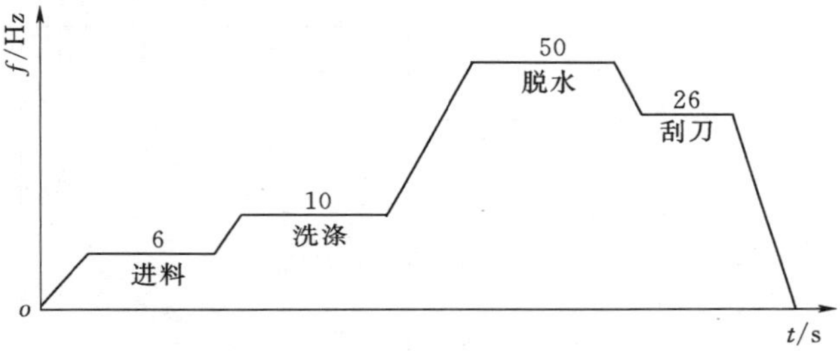

图 2-3-1　工业离心机工艺要求图

实施步骤：

一、接线

按照图 2-3-2 所示电路图进行接线，检查电路正确无误后，合上电源开关 QS。

二、参数设置

（1）在变频器通电的情况下，部分参数设置见表 2-3-1。

表 2-3-1　　多段速度运行参数设置

步　骤	设　置　参　数	功　能　说　明
1	参数复位	
2	P0010=1	快速调试开始
3	电动机参数设置	
4	P0700=2	数字输入端子控制变频器启停
5	P1000=3	固定频率给定，即多段调速
6	P3900=1	结束快速调试，进行电动机数据计算，并且将不包括在快速调试中的其他全部参数都恢复为出厂设定值
7	P0003=2	设定参数访问级为扩展级
8	P0701=17	DIN1 为二进制编码选择
9	P0702=17	DIN2 为二进制编码选择

续表

步　骤	设　置　参　数	功　能　说　明
10	P0703＝17	DIN3 为二进制编码选择
11	P1001＝6	固定频率 1 设定值
12	P1002＝10	固定频率 2 设定值
13	P1003＝50	固定频率 3 设定值
14	P1004＝26	固定频率 4 设定值

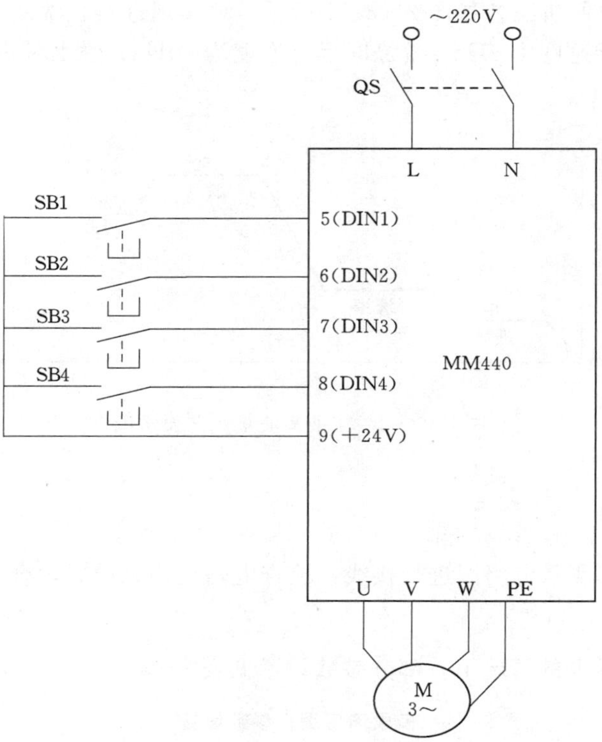

图 2－3－2　变频器 4 段转速操作控制接线图

（2）参数含义及设定操作。

1）P0701～P0704：设定数字输入端子 DIN1、DIN2、DIN3、DIN4 的功能为固定频率设定值。西门子 MM440 变频器共有 6 个数字输入端子，除缺省值不同以外，每个数字输入端子对应的不同功能都有 18 种不同的设定值，对应本次任务的控制要求，除需要用 1 个数字输入端子来完成启动外，剩余的 3 个数字输入端子用来完成 4 段速度的切换。用来完成速度切换的端子可以选择的设定值有三种，分别为：15 为直接选择。16 为直接选择＋ON 命令。17 为二进制编码选择＋ON 命令。

在本次任务中，设置参数 P0701＝P0702＝P0703＝17，P0704＝1 即使用二进制编码选择＋ON 命令来完成速度切换，并且设置 1 个启停开关。

2）P1001～P1004：设置固定频率。此参数为多段速度设定频率值，是定义固定频率1～4的设定值。本次任务中，因为P0701－P0703＝17，即使用二进制编码选择＋ON命令的方法选择固定频率，所以使用这种方法可以选择4个固定频率。固定频率数值与数字输入端子的组合见表2-3-2。根据任务要求，设置P1001＝6，P1002＝10，P1003＝50，P1004＝26。

表2-3-2　　固定频率数值与数字输入端子的组合

SB3	SB2	SB1	对应频率设置参数	运行频率/Hz
0	0	1	P1001	6
0	1	0	P1002	10
0	1	1	P1003	50
1	0	0	P1004	26

注　表中“1”表示对应数字输入端子开关闭合；“0”表示对应数字输入端子开关断开。

三、变频器运行操作

闭合开关SB4，数字输入端子DIN4为“1”，即接通状态，变频器启动。

（1）第1段频率控制。闭合SB1，断开SB2、SB3，数字输入端子DIN1状态为“1”，DIN2、DIN3状态为“0”，变频器运行在由参数P1001所设定频率6Hz的第1段频率上。

（2）第2段频率控制。闭合SB2，断开SB1、SB3，数字输入端子DIN2状态为“1”，DIN1、DIN3状态为“0”，变频器运行在由参数P1002所设定频率10Hz的第2段频率上。

（3）第3段频率控制。闭合SB1、SB2，断开SB3，数字输入端子DIN1、DIN2状态为“1”，DIN3状态为“0”，变频器运行在由参数P1003所设定频率50Hz的第3段频率上。

（4）第4段频率控制。闭合SB3，断开SB1、SB2，数字输入端子DIN3状态为“1”，DIN1、DIN2状态为“0”，变频器运行在由参数P1004所设定频率26Hz的第4段频率上。

习　　题

1. 西门子MM440变频器最多能进行多少段调速？

2. 西门子MM440变频器在进行多段调速参数设置的时候，要让数字输入端子DIN1实现启停功能，应该设置哪个参数。

3. 利用变频器数字输入端子实现电动机7段转速运行。7段转速的设定值分别为：第1段频率为5Hz，第2段频率为10Hz，第3段频率为20Hz，第4段频率为40Hz，第5段频率为15Hz，第6段频率为－15Hz，第7段频率为－30Hz。

（1）画出硬件接线。

（2）写出参数设置。

（3）调试运行。

任务四　变频器的模拟量调速

知识目标：

（1）认知变频器模拟量调速的原理。

（2）认知变频器模拟量调速参数的设置方法。

技能目标：

（1）能正确进行模拟量调速系统的接线。

（2）能正确进行变频器模拟量调速系统基本参数的设置。

（3）能正确进行变频器模拟量调速系统的调试及运行操作。

任务描述：

在实际生产当中，变频器的模拟量调速系统得到了广泛的应用，如生产线中的皮带调速系统、变频器恒压供水系统等。

传统的风机、泵类电动机是在全速（工频）下运行，即不论生产工艺需求大小都提供固定的流量。例如在纺织、印染等行业经常会使用定型机对棉织品进行拉幅和热定型，定型机内的温度通过循环风机送入的热风调节。由于风机在工频下运行风速不变，所以送入热风的多少只能调节风门或挡风板开度的大小。这样不仅造成了大量能源浪费，还影响产品质量。此外，由于风机高速启动和恒功率运行，传送带与轴承之间磨损非常严重，使传送带成为易耗品。采用变频调速后，利用温度传感器采集定型机温度，控制变频器自动调节风机速度实现控温。不仅提高了产品质量，同时变频器的低速启动，可以减少传送带与轴承的磨损，延长设备寿命。

本任务要实现：通过外接电位器作为 MM440 变频器模拟量输入端子，控制电动机转速的大小，用外接按钮 SB1 和按钮 SB2 实现电动机的正转和反转功能。

任务分析：

本任务通过如图 2－4－1 实现。

MM440 变频器可以通过 6 个数字输入端子对电动机进行正反转运行、正反转点动运行方向控制。可通过基本操作板，按频率调节按键可增加或减少输出频率，从而设置正反向转速的大小。也可以由模拟输入端子控制电动机转速的大小。本任务的目的就是通过模拟输入端子的模拟量控制电动机转速的大小。

MM440 变频器的“1”“2”输出端为用户的给定单元提供了一个高精度的＋10V 直流稳压电源。可利用转速调节电位器串联在电路中，调节电位器，改变模拟量输入端子 AIN1＋、AIN1－给定的模拟输入电压。变频器的输出频率将紧紧跟踪给定量的变化，从而平滑、无级地调节电动机转速的大小。

MM440 变频器为用户提供了两路模拟量输入通道，即模拟量输入通道 AIN1 和模拟量输入通道 AIN2，本任务选择 AIN1 通道来连接模拟量输入，模拟量输入端子 AIN1＋、AIN1－外接电位器，通过 AIN1＋、AIN1－端输入大小可调的模拟电压信号，控制电动

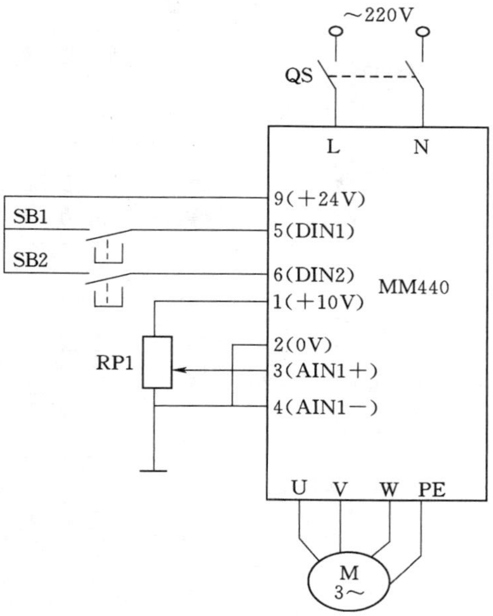

图 2-4-1 外部模拟量控制变频器输出频率接线图

机转速的大小。通过设置 P0701 的参数值，使数字输入端子 DIN1 具有正转控制功能。通过设置 P0702 的参数值，使数字输入端子 DIN2 具有反转控制功能，即由数字输入端子控制电动机转速的方向，由模拟输入端子控制电动机转速的大小。

实施步骤：

一、接线

变频器模拟信号控制接线如图 2-4-1 所示。检查电路正确无误后，合上主电源开关 QS。

二、参数设置

（1）恢复变频器工厂缺省值。设置的参数见表 2-4-1。设定 P0010=30 和 P0970=1，按下 P 键，开始复位，复位过程大约为 1min，这样就保证了变频器的参数恢复到工厂默认值。

表 2-4-1　　恢复工厂设置参数

步　骤	设置参数	功　能　说　明
1	P0003=1	设用户访问级为标准级
2	P0010=30	工厂的设定值
3	P0970=1	参数复位

（2）设置电动机参数。电动机参数设置见表 2-4-2。电动机参数设置完成后，P0010=0，变频器当前处于准备状态，可正常运行。

表 2-4-2 电动机参数

步 骤	设 置 参 数	功 能 说 明
1	P0003=1	设定用户访问级为标准级
2	P0010=1	快速调试
3	P0100=0	功率以 kW 表示，供电电源频率为 50Hz
4	P0304=220	电动机额定电压/V
5	P0305=0.3	电动机额定电流/A
6	P0307=0.025	电动机额定功率/kW
7	P0310=50	电动机额定频率/Hz
8	P0311=1300	电动机额定转速/(r/min)
9	P0700=2	选择命令源，设为 2 时由数字输入端子控制变频器启停
10	P1000=2	频率设定值的选择。设为 2 时频率给定值由外部模拟量输入信号给定
11	P1080=0	电动机运行的最低频率/Hz
12	P1082=50	电动机运行的最高频率/Hz
13	P1120=10	斜坡上升时间/s
14	P1121=10	斜坡下降时间/s
15	P3900=1	结束快速调试，并自动把 P0010=0，使变频器进入准备运行状态

(3) 设置模拟信号操作控制参数。模拟信号操作控制参数，见表 2-4-3。

表 2-4-3 模拟信号操作控制参数

步 骤	设 置 参 数	功 能 说 明
1	P0003=2	设用户访问级为扩展级
2	P0701=1	数字输入端子 DIN1，ON 接通正转，OFF 停止
3	P0702=2	数字输入端子 DIN2，ON 接通反转，OFF 停止

三、操作运行

(1) 电动机正转。按下电动机正转按钮 SB1，数字输入端子 DIN1 为 ON，电动机正转运行，转速由外接电位器 RP1 来控制。模拟电压信号从 0～10V 变化，对应变频器的频率从 0～50 Hz 变化，对应电动机的转速从 0～1300 r/min 变化。当放开按钮 SB1 时，电动机停止。

(2) 电动机反转。按下电动机反转自锁按钮 SB2，数字输入端子 DIN2 为 ON，电动机反转运行，反转转速的大小仍由外接电位器 RP1 来调节。当放开按钮 SB2 时，电动机停止。

知识拓展：

MM440 变频器有两路模拟量输入通道 AIN1（端子 3、4），AIN2（端子 10，11），可以通过参数 P0756 分别设置每个通道属性，其中 P0756（0）设置 AIN1 属性，P0756（1）设置 AIN2 属性，见表 2-4-4。

表 2-4-4　MM440 变频器模拟输入端功能设置

P0756 的设定值	含　义	说　明
0	单极性电压输入（0～10V）	"带监控"是指模拟通道具有监控功能，当断线或信号超限时报故障信息 F0080。双极性电压输入只适用于 AIN1
1	带监控的单极性电压输入（0～10V）	
2	单极性电流输入（0～20mA）	
3	带监控单极性电流输入（0～20mA）	
4	双极性电压输入（－10～10V）	

例如：模拟量输入通道 AIN1 以电压信号 2～10V 作为频率给定信号，需要根据表 2-4-5 所列参数对信号进行标定。模拟量输入通道 AIN2 以电流信号 4～20mA 作为频率给定信号，需要根据表 2-4-6 所列参数对信号进行标定。

表 2-4-5　模拟通道 AIN1 电压信号标定

参数号	设定值	说　明
P0757 [0]	2	电压 2V 对应 0 的标定，即 0Hz
P0758 [0]	0	
P0759 [0]	10	电压 10V 对应 100% 的标定，即 50Hz
P0760 [0]	100	
P0761 [0]	2	死区宽度

表 2-4-6　模拟通道 AIN2 电流信号标定

参数号	设定值	说　明
P0757 [1]	4	电压 4mA 对应 0 的标定，即 0Hz
P0758 [1]	0	
P0759 [1]	20	电压 20mA 对应 100%的标定，即 50Hz
P0760 [1]	100	
P0761 [1]	4	死区宽度

注意：在参数设置完成后，还需将 I/O 面板上的拨码开关拨至与设置参数相对应的位置，如图 2-4-2 所示。模拟电压/电流与模拟输入端的接线如图 2-4-3 所示。模拟输入端做数字输入端使用时的接线如图 2-4-4 所示。

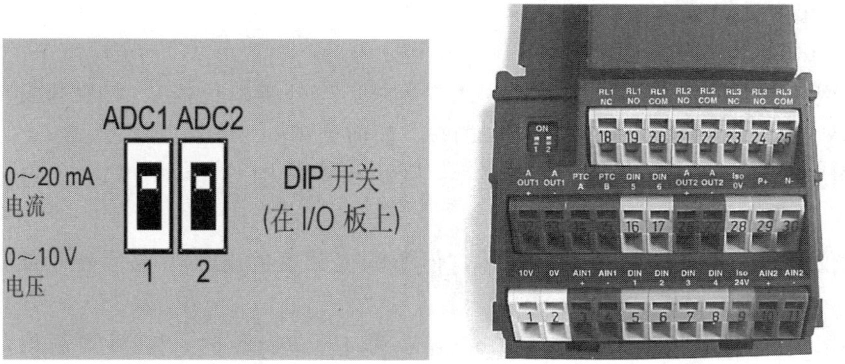

图 2-4-2　MM440 变频器拨码开关设置

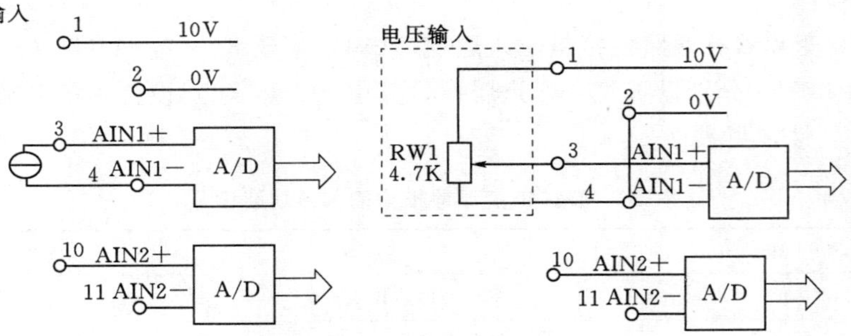

图 2-4-3 模拟电压/电流与模拟输入端的接线

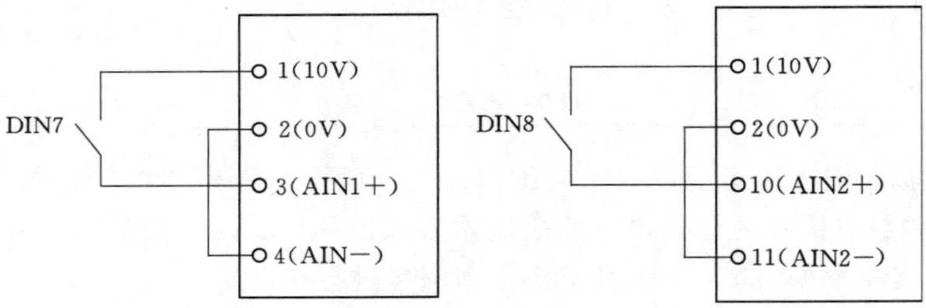

图 2-4-4 模拟输入端做数字输入端使用时的接线

习 题

1. 面板控制正反转启停，调节电位器控制转速的大小，并且死区电压分别为 2V 和 4V。

（1）画出硬件接线。

（2）写出参数设置。

（3）调试运行。

2. 外接控制正反转启停，调节电位器控制转速的大小，并且死区电压分别为 3V。

（1）画出硬件接线。

（2）写出参数设置。

（3）调试运行。

3. 某变频器采用电位器给定方式，用户要求：当外接电位器从“0”位旋到底（给定信号为 10V）时，输出频率范围为 0～30Hz，如何处理？

4. 模拟量给定信号中，电压范围是 1～5V，电流范围为 4～20mA，为什么不从“0”开始？

5. 某仪器的输出电压信号为 1～5V，但所购变频器的电压给定信号只能选 0～10V，怎么办？

6. 某用户要求：当模拟量电流给定信号为 4～20mA 时，变频器输出频率是 0～50Hz，求频率偏置和频率增益，并画出频率给定线。

任务五　变频器的 PID 控制运行操作

知识目标：

（1）认知 PID 控制原理。

（2）认知 PID 功能参数调试的方法。

技能目标：

（1）能正确进行 PID 控制系统的接线。

（2）能正确进行 PID 参数设置。

（3）能正确进行 PID 控制系统的调试与操作。

任务描述：

操作面板给定目标值的 PID 控制。

任务分析：

如图 2-5-1 所示，本任务通过传感器将现场被控制量转换为 0～20mA 电信号接入模拟量输入端子，AIN2 作为反馈信号，数字输入端 DIN1 接入按钮 SB1 控制变频器的启停，给定目标值由 BOP 键设定。

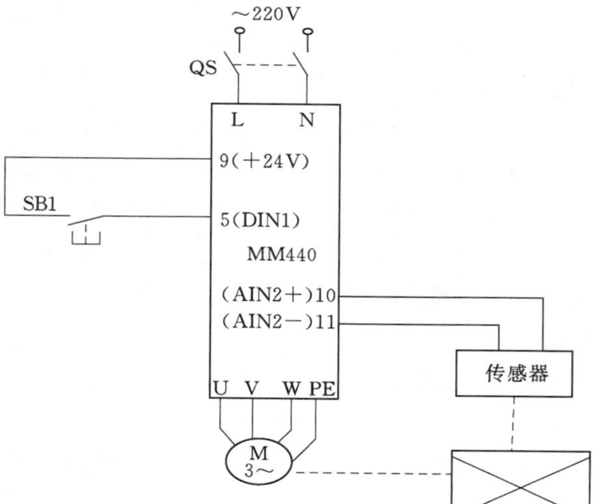

图 2-5-1　变频器 PID 控制接线图

知识链接：

在生产过程中，拖动系统的运行速度要求平稳，而负载在运行中不可避免地受到一些不可预见的干扰，系统的运行速度将失去平衡，导致振荡和设定值存在偏差。PID 控制功能是变频器应用技术的重要领域之一，也是变频器发挥其卓越效能的重要技术手段。企业在生产中，往往需要有稳定的压力、温度、流量、液位或转速，以此作为保证产品质量、提高生产效率、满足工艺要求的前提，这就要用到变频器的 PID 控制功能。变频调速产品的设计、运行、维护人员应该充分熟悉并掌握 PID 控制的基本理论。

PID 控制是自动控制系统中的一种常见形式，是将传感器测量的被控量与给定目标值相比较，以判断被控量是否达到给定的目标值。如未达到，则根据两者的差别，按比例（P)、积分（I)、微分（D）控制方式进行偏差调整，直至达到给定的控制目标为止，从而使被控量的实际值与工艺要求的给定值一致。

一、参数的预置与调整

1. 比例增益（P）

变频器的 PID 功能是利用目标信号和反馈信号的差值来调节输出频率的：一方面，我们希望目标信号和反馈信号无限接近，即差值很小，从而满足调节的精度；另一方面，我们又希望调节信号具有一定的幅度，以保证调节的灵敏度。解决这一矛盾的方法就是事先将差值信号进行放大。比例增益 P 就是用来设置差值信号的放大系数的。任何一种变频器的参数 P 都给出一个可设置的数值范围，一般在初次调试时，P 可按中间偏大值预置，或者暂时默认出厂值，待设备运转时再按实际情况细调。

2. 积分时间常数（I）

如上所述，比例增益 P 越大，调节灵敏度越高，但由于传动系统和控制电路都有惯性，调节结果达到最佳值时不能立即停止，导致“超调”，然后反过来调整，再次超调，形成振荡。为此引入积分环节，其效果是使经过比例增益 P 放大后的差值信号在积分时间内逐渐增大（ 或减小 ），从而减缓其变化速度，防止振荡。积分的调节作用虽然能消除静态误差，但会降低系统的响应速度，增加系统的超调量。

3. 微分时间常数（D）

微分时间 D 是根据差值信号变化的速率，提前给出一个相应的调节动作，从而缩短了调节时间，克服因积分时间过长而使恢复滞后的缺陷。它是根据偏差的变化趋势进行控制。偏差变化的越快，微分控制器的输出越大，并能在偏差值变大之前进行修正。微分作用的引入，将有助于减小超调量，克服振荡，使系统趋于稳定。但微分作用对输入信号的噪声很敏感，微分作用过强，对系统抗干扰不利。

4. PID 参数的调整原则

PID 参数的预置是相辅相成的，运行现场应根据实际情况进行如下细调：被控物理量在目标值附近振荡，首先加大积分时间 I，如仍有振荡，可适当减小比例增益 P。被控物理量在发生变化后难以恢复，首先加大比例增益 P，如果恢复仍较缓慢，可适当减小积分时间 I，还可加大微分时间 D。

二、PID 控制

MM440 变频器内部配置有 PID 调节器，可构成 PID 闭环控制，控制功能如图 2－5－2 所示。PID 控制功能开启由参数 P2200 设定，频率主给定值由参数 P2253 设定，反馈信号由参数 P2264 设定，PID 系数分别由参数 P2280、P2285、P2274 设定。

1. PID 频率给定源

PID 的频率给定源有外部模拟输入信号、固定 PID 设定值、已激活的 PID 值（BOP 面板和固定频率）三种，由参数 P2253 设定，见表 2－5－1。

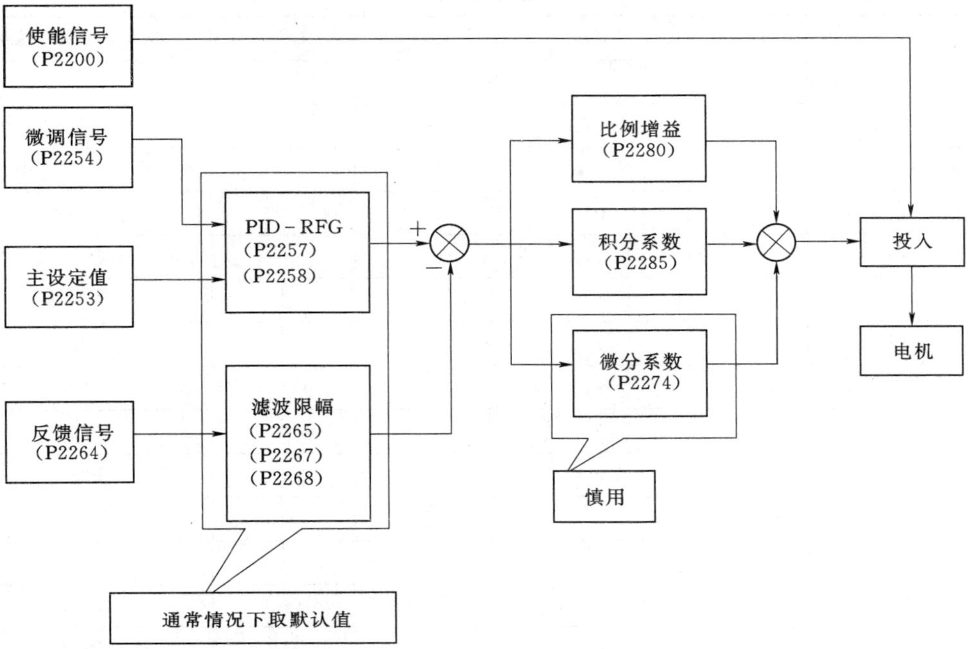

图 2-5-2　MM440 变频器 PID 控制框图

表 2-5-1　　MM440 变频器 PID 给定源设定

PID 给定源	设定值	含义	说明
P2253	2250	已激活的 PID 值	操作面板给定时，通过改变 P2240 数值改变目标值
	755.0	模拟输入 AIN1 设定给定值	通过模拟量大小改变目标值
	755.1	模拟输入 AIN2 设定给定值	
	2224	固定的 PID 给定值	

PID 固定频率给定选择频率值的方式与多段转速控制的频率值选择方式相同，分为直接选择、直接选择+ON 命令、二进制编码选择+ON 命令 3 种方式。

(1) 直接选择。设置参数 P0701～P0704＝15，在此种方式下，一个数字输入端子选择一个固定 PID 频率给定值。

(2) 直接选择+ON 命令。设置参数 P0701～P0704＝16，在此种方式下，每个数字输入端子选择一个固定频率给定值的同时，还带有运行命令。

(3) 二进制编码选择+ON 命令。设置参数 P0701～P0704＝17，在此种方式下，最多可以选择 15 个不同的频率给定值。每个 PID 频率给定值分别由参数 P2201～P2015 进行设置，见表 2-5-2。

表 2-5-2 PID 固定频率选择

PID 控制的固定频率	DIN4	DIN3	DIN2	DIN1	对应频率设置参数
	0	0	0	0	
PID-FF1	0	0	0	1	P2201
PID-FF2	0	0	1	0	P2202
PID-FF3	0	0	1	1	P2203
PID-FF4	0	1	0	0	P2204
PID-FF5	0	1	0	1	P2205
PID-FF6	0	1	1	0	P2206
PID-FF7	0	1	1	1	P2207
PID-FF8	1	0	0	0	P2208
PID-FF9	1	0	0	1	P2209
PID-FF10	1	0	1	0	P2210
PID-FF11	1	0	1	1	P2211
PID-FF12	1	1	0	0	P2212
PID-FF13	1	1	0	1	P2213
PID-FF14	1	1	1	0	P2214
PID-FF15	1	1	1	1	P2215

注 表中“1”表示对应数字输入端子闭合；“0”表示对应数字输入端子断开。

2. PID 反馈源

通过各种传感器、编码器采集到的被控制对象信号，可以作为 PID 的反馈信号，参数设置见表 2-5-3。

表 2-5-3 MM440 变频器 PID 反馈源

PID 反馈源	设定值	含 义	说 明
P2264	755.0	模拟输入通道 AIN1 作为反馈源	当模拟量波动较大时，可适当加大滤波时间，确保系统稳定
	755.1	模拟输入通道 AIN2 作为反馈源	

3. PID 控制器

PID 比例增益系数 P 由参数 P2280 设定，积分系数 I 由参数 P2285 设定，微分系数 D 由参数 P2274 设定。各系数作用如前所述，只有合理地整定这 3 个参数，才能获得比较满意的控制性能。

4. PID 控制器类型的选择

参数 P2263 用于选择 PID 控制器的类型。P2263=0 选择对反馈信号进行微分的控制器，即微分先行控制器，避免大幅度改变给定值所引起的振荡现象。P2263=1 选择对误差信号进行微分的控制器。

5. 滤波

在闭环控制系统中，无论是传感器测量，还是主设定值的给定，都不可避免地引起系统噪声。噪声会引起系统不稳定和精度下降。因此西门子 MM4 系列变频器在 PID 控制器的功能中又加入了滤波环节。通过设置 PID 设定值的滤波时间常数 P2261，可平滑 PID 的设定值。设置 PID 反馈滤波时间常数参数 P2265，可平滑 PID 反馈信号。

6. PID 自整定

设置参数 P2350=1，使能 PID 自整定功能。通过设置不同的 P2350 的值，可以使系统具有不同的超调量和阻尼系数。

实施步骤：

一、接线

变频器 PID 控制接线如图 2-5-1 所示。检查电路正确无误后，合上主电源开关 QS。

二、参数设置

在变频器通电的情况下，完成相关参数设置，功能参数见表 2-5-4，给定参数表见表 2-5-5，反馈参数表见表 2-5-6，PID 调节参数表见表 2-5-7。

表 2-5-4　　PID 功能参数设置

步骤	设置参数	功能说明
1	参数复位	
2	P0010=1	快速调试
3	P0100=0	功率以 kW 表示，供电电源频率为 50Hz
4	P0304=220	电动机额定电压/V
5	P0305=0.3	电动机额定电流/A
6	P0307=0.025	电动机额定功率/kW
7	P0310=50	电动机额定频率/Hz
8	P0311=1300	电动机额定转速/(r/min)
9	P0700=1	选择命令源，设为 1 时由 BOP 的键盘设置
10	P1000=1	频率设定值的选择。设为 1 时可由 BOP 的键盘进行加减频率值
11	P1080=0	电动机运行的最低频率/Hz
12	P1082=50	电动机运行的最高频率/Hz
13	P1120=10	斜坡上升时间/s
14	P1121=10	斜坡下降时间/s
15	P3900=1	结束快速调试，并自动把 P0010=0，使变频器进入准备运行状态
16	P0003=2	设用户访问级为扩展级
17	P0010=0	调试参数过滤器，准备运行
18	P0701=1	ON 接通正转，OFF 停止
19	P2200=1	PID 控制功能有效

表 2-5-5　　PID 给定参数设置

步骤	设置参数	功能说明
1	P2253=2250	PID 设定值信号为面板 BOP
2	P2240=60	由面板 BOP 设定的目标值/%
3	P2254=0	无 PID 微调信号源
4	P2255=100	PID 设定值的增益系数
5	P2256=0	PID 微调信号增益系数
6	P2257=1	PID 设定值斜坡上升时间
7	P2258=1	PID 设定值斜坡下降时间
8	P2261=0	PID 设定值无滤波

表 2-5-6　　PID 反馈参数设置

步骤	设置参数	功能说明
1	P2264=755.1	PID 反馈信号为模拟信号输入 AIN2
2	P2265=0	PID 反馈信号无滤波
3	P2267=100	PID 反馈信号的上限值/%
4	P2268=0	PID 反馈信号的下限值/%
5	P2269=100	PID 反馈信号的增益/%
6	P2270=0	不用 PID 反馈器的数学模型
7	P2271=0	PID 传感器的反馈形式为标准形式

表 2-5-7　　PID 调节参数设置

步骤	设置参数	功能说明
1	P2280=25	PID 比例增益系数
2	P2285=5	PID 积分时间
3	P2291=100	PID 输出上限/%
4	P2292=0	PID 输出下限/%
5	P2293=1	PID 限幅的斜坡上升/下降时间/s

三、操作运行

(1) 闭合开关 SB1 时，变频器启动，电动机运行在参数 P2240 给定的对应速度上，当外部因素引起电动机的速度变化时，变频器驱动电动机速度变化。

(2) 如果需要，频率设定值 P2240 可直接通过操作面板上的键来改变。

(3) 断开开关 SB1，变频器停止运行。

知识拓展：

目前工业自动化水平已成为衡量各行各业现代化水平的一个重要标志。同时，控制理论的发展也经历了古典控制理论、现代控制理论和智能控制理论三个阶段。自动控制系统可分为开环控制系统和闭环控制系统。一个控制系统包括控制器、传感器、变送器、执行机构、输入输出接口。控制器的输出经过输出接口、执行机构，加到被控系统上；控制系统的被控量，经过传感器、变送器，通过输入接口送到控制器。不同的控制系统，其传感器、变送器和执行机构是不一样的。比如压力控制系统要采用压力传感器，电加热控制系统的传感器是温度传感器。目前，PID 控制及其控制器或智能 PID 控制器已经很多，产品已在工程实际中得到了广泛的应用，有各种各样的 PID 控制器产品，各大公司均开发了具有 PID 参数自整定功能的智能调节器，其中 PID 控制器参数的自动调整是通过智能化调整或自校正、自适应算法来实现。有利用 PID 控制实现的压力、温度、流量、液位控制器，能实现 PID 控制功能的可编程控制器（PLC），还有可实现 PID 控制的 PC 系统等。可编程控制器是利用其闭环控制模块来实现 PID 控制，而可编程控制器可以直接与 ControlNet 相连，还有可以实现 PID 控制功能的控制器，它可以直接与 ControlNet 相连，利用网络来实现其远程控制功能。

阶跃响应是指将一个阶跃输入加到系统上时，系统的输出。稳态误差是指系统的响应进入稳态后，系统的期望输出与实际输出之差。控制系统的性能可以用稳、准、快三个字来描述。稳是指系统的稳定性，一个系统要能正常工作，首先必须是稳定的，从阶跃响应上看应该是收敛的；准是指控制系统的准确性、控制精度，通常用稳态误差来描述，它表示系统输出稳态值与期望值之差；快是指控制系统响应的快速性，通常用上升时间来定量描述。

PID 控制器的参数整定是控制系统设计的核心内容。它是根据被控过程的特性确定 PID 控制器的比例系数、积分时间和微分时间的大小。

PID 控制器参数整定的方法很多，概括起来有两大类：一是理论计算整定法，它主要是依据系统的数学模型，经过理论计算确定控制器参数，这种方法所得到的计算数据未必可以直接用，还必须通过工程实际进行调整和修改；二是工程整定方法，它主要依赖工程经验，直接在控制系统的试验中进行，且方法简单、易于掌握，在工程实际中被广泛采用。

PID 控制器参数的工程整定方法，主要有临界比例法、反应曲线法和衰减法。三种方法各有其特点，其共同点都是通过试验，然后按照工程经验公式对控制器参数进行整定。但无论采用哪一种方法所得到的控制器参数，都需要在实际运行中进行最后调整与完善。现在一般采用的是临界比例法。利用该方法进行 PID 控制器参数的整定步骤如下：

（1）预选择一个足够短的采样周期让系统工作。

（2）仅加入比例控制环节，直到系统对输入的阶跃响应出现临界振荡，记下这时的比例放大系数和临界振荡周期。

（3）在一定的控制度下通过公式计算得到 PID 控制器的参数。

习　　题

1. 简述恒压供水系统的构成及工作过程。
2. 简述风机变频调速的构成及工作原理。

3. 在恒压供水、空气压缩机及中央空调循环水的变频调速控制系统中均使用了 PID 调节，试总结使用它需要进行哪些步骤。

4. 有一个变频恒压供水单机应用，需要具有以下功能：

（1）面板键盘为压力给定，压力变送器输出 4～20mA 反馈，恒压采用 PI 调节。

（2）具有自由停车和故障复位功能。

（3）在水泵电动机工作于 48Hz 时，给出辅助泵切入信号。

请画出变频器外部接线图，并进行参数设置、操作调试。

5. 利用 3 个数字输入端实现 7 个 PID 固定频率控制。请完成以下任务：

（1）画出硬件接线图。

（2）写出参数设置。

（3）调试运行。

项目三

S7 - 1200 PLC 与变频器的联机控制

任务一 电动机正反转的联机控制

知识目标：

（1）认知 PLC 和变频器联机控制电动机正反转的原理。

（2）认知变频器外部端子的功能。

（3）认知电机正反转的功能参数。

技能目标：

（1）能正确进行电动机正反转的联机控制系统的硬件接线。

（2）能正确进行电动机正反转的联机控制系统的变频器参数设置。

（3）能正确进行电动机正反转的联机控制系统的 PLC 程序设计。

（4）能正确进行电动机正反转联机控制系统的调试和运行操作。

任务描述：

在生产实践中，电动机的正反转是比较常见的。传统的方法是利用继电器、接触器来控制电动机的正反转，利用 PLC 控制变频器的交流拖动系统与传统的方法相比，在操作、控制、效率、精度等几个方面都具有无法比拟的优点，可以简单、方便地实现电动机正反转等多种控制要求。

通过 S7 - 1200PLC 和 MM440 变频器联机，实现电动机正反转控制。具体控制过程如下：现有一辆运料小车，在原始条件下，小车停靠在运行轨道的左限位。按下启动按钮，电磁阀 Y1 给小车进行装料，10s 后小车以 30Hz 的频率向右运行；到达运行轨道的右限位时，小车停车，通过电磁阀 Y2 进行卸料，经过 10s 后，小车以 30Hz 的频率向左运行。当小车运行到左限位时，又开始进行装料，重复这一控制过程。当按下停止按钮，无论小车位于运行轨道的任何位置，小车都要卸料结束并返回到左限位时，小车才能停车。工作过程如图 3 - 1 - 1 所示。

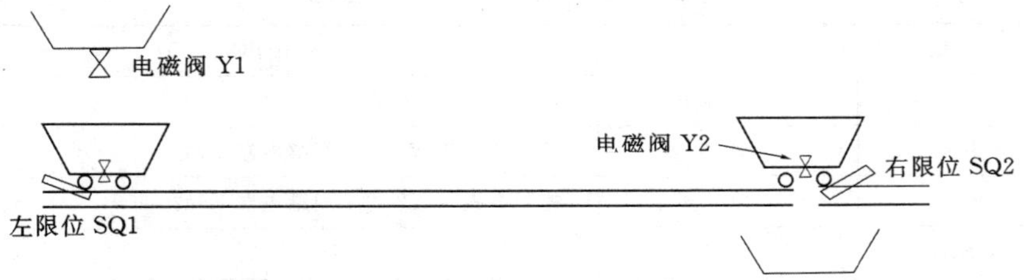

图 3 - 1 - 1 小车运料系统工作过程示意图

任务分析：

本任务的实质要求是对电动机进行正反转控制。可由 PLC 的输出端子 Q0.0、Q0.1 来控制小车的装料、卸料。由于电磁阀 Y1、Y2 安装在电气控制柜的外面，为了提高系统的可靠性，这里通过安装在电气控制柜内的直流中间继电器 KM1、KM2 的常开触点分别控制电磁阀 Y1、Y2 的导通。另外，通过 PLC 的输出端子 Q0.2、Q0.3 给变频器的数字输入端子 DIN1、DIN2 产生信号控制电动机的右行、左行。当变频器的数字输入端子 DIN1 有信号输入时，电动机正转，小车右行；当变频器的数字输入端子 DIN2 有信号输入时，电动机反转，小车左行。电动机正反转的联机控制接线如图 3－1－2 所示。

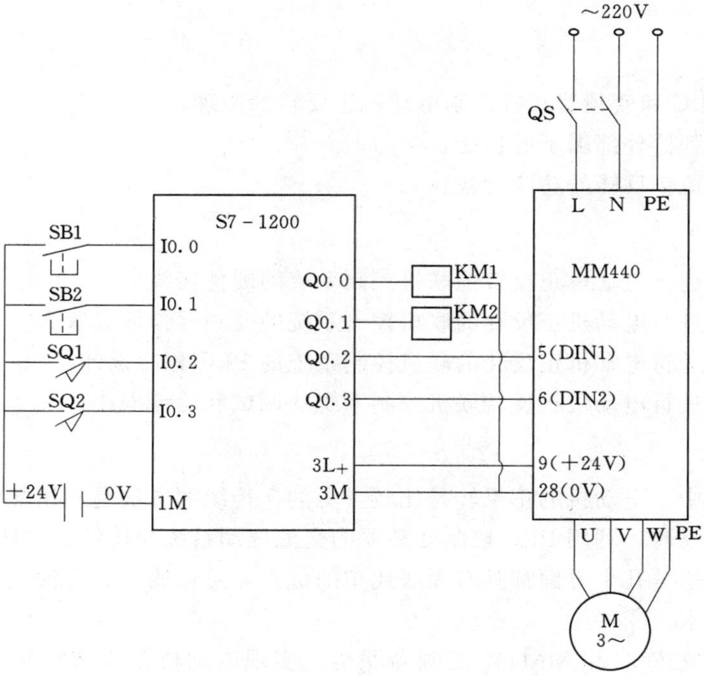

图 3－1－2 电动机正反转的联机控制接线图

实施步骤：

一、I/O 分配

I/O 分配见表 3－1－1。

表 3－1－1 电机正反转的联机控制 I/O 分配

输入端（I）		输出端（Q）	
外接元件	输入端子	外接元件	输出端子
启动按钮 SB1	I0.0	控制电磁阀 Y1 的中间继电器 KM1	Q0.0
停止按钮 SB2	I0.1	控制电磁阀 Y2 的中间继电器 KM2	Q0.1
左限位开关 SQ1	I0.2	小车右行	Q0.2
右限位开关 SQ2	I0.3	小车左行	Q0.3

二、接线

按图 3－1－2 所示电路进行接线，检查电路正确无误后，合上电源开关 QS。

三、参数设置

在变频器通电的情况下，完成相关参数设置，见表 3－1－2。

表 3－1－2　　变频器参数设置

步　骤	设 置 参 数	功　能　说　明
1	参数复位	
2	P0010＝1	快速调试
3	P0304＝220	电动机额定电压/V
4	P0305＝0.4	电动机额定电流/A
5	P0307＝0.18	电动机额定功率/kW
6	P0310＝50	电动机额定频率/Hz
7	P0311＝1400	电动机额定转速/(r/min)
8	P0700＝2	数字输入端控制变频器启停
9	P1000＝1	频率给定会值由 BOP 设定
10	P1080＝0	电动机最低运行频率
11	P1082＝50	电动机最高运行频率
12	P1120＝5	加速时间/s
13	P1121＝5	减速时间/s
14	P3900＝1	结束快速调试，进行电动机数据计算，并且将不包括在快速调试中的其他全部参数都恢复为出厂值
15	P0003＝2	设定参数访问级为扩展级
16	P0701＝1	设置数字输入端 DIN1，接通正转，断开停车
17	P0702＝2	设置数字输入端 DIN2，接通反转，断开停车
18	P1040＝30	变频器运行频率

四、程序设计

1. 硬件组态

（1）打开博图编程软件，如图 3－1－3 所示。

（2）创建新项目，如图 3－1－4 所示。

（3）组态设备，如图 3－1－5 所示。

（4）选择相对应的 PLC 型号，完成组态，如图 3－1－6 所示。

图 3－1－3　打开博图编程软件

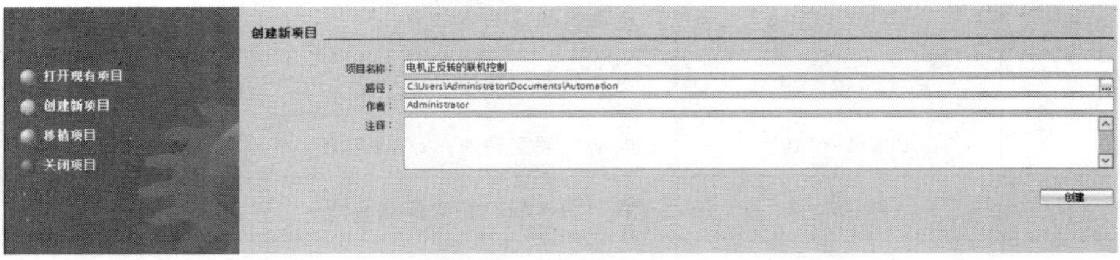

图 3－1－4　创建新项目

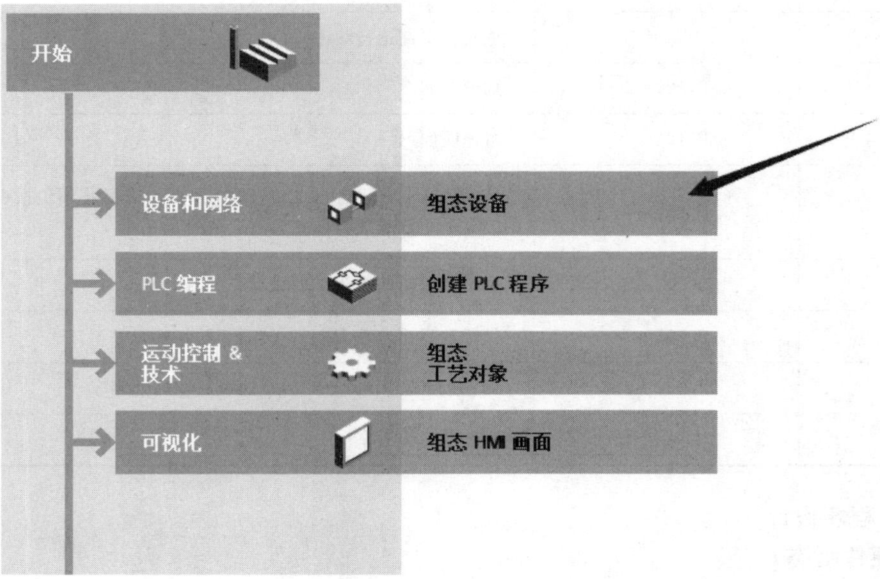

图 3－1－5　组态设备

2. 主程序

部分参考程序如图 3－1－7 所示。

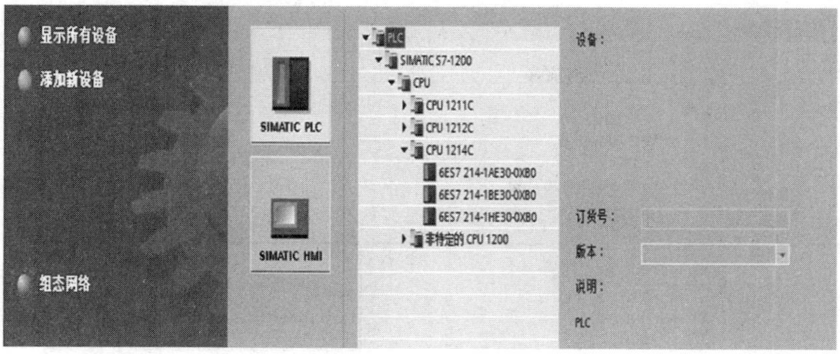

图 3-1-6　选择相对应的 PLC 型号

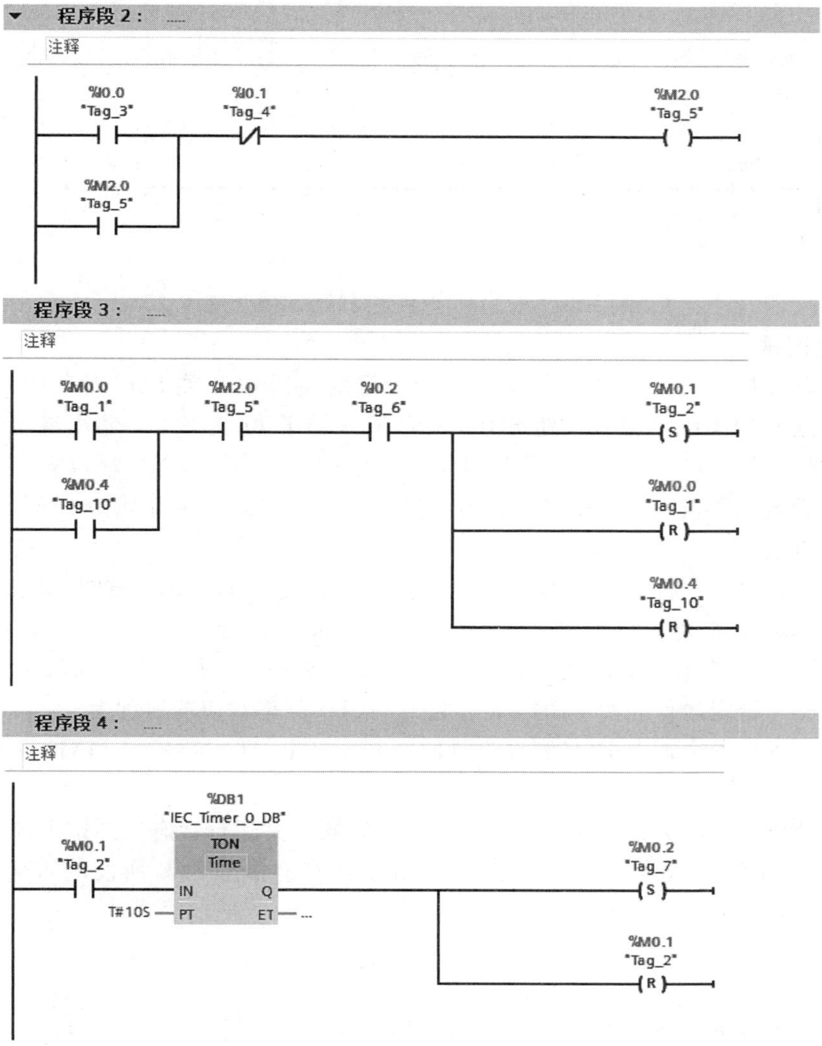

……

图 3-1-7（一）　电机正反转部分参考程序

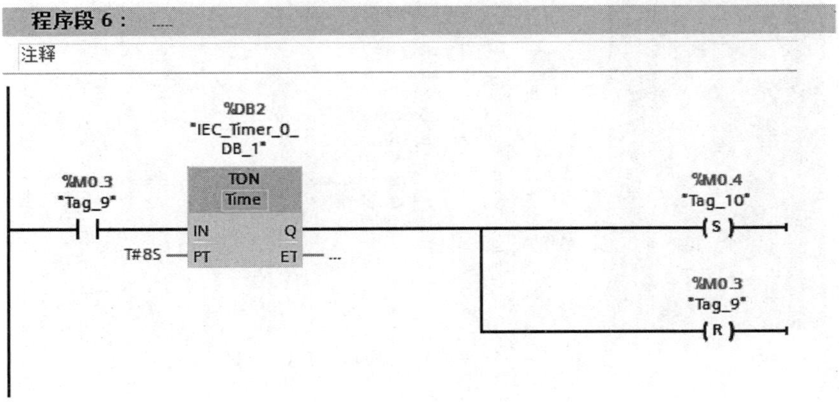

......

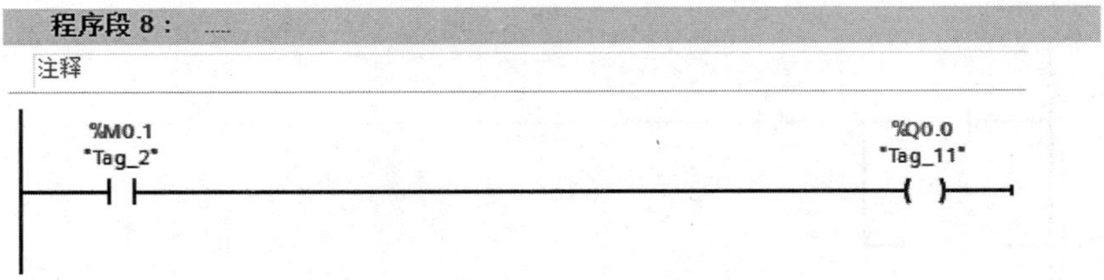

......

图 3-1-7（二） 电机正反转部分参考程序

3. 系统调试

（1）小车装料并右行。当小车位于运行轨道的左限位开关 SQ1 时，PLC 输入端子 I0.2 得电。这时如果按下正转按钮 SB1，PLC 输入端子 I0.0 得电，输出继电器 Q0.0 得电，小车开始装料。10s 后，变频器 MM440 的数字输入端子 DIN1 为 ON 状态。电动机按 P1120 所设置的斜坡上升时间正转运行，直至小车稳定运行在由 P1040 所设置的 30 Hz 频率对应的速度上。

（2）小车卸料并左行。当小车运行到右限位撞击 SQ2 时，PLC 输入端子 I0.3 得电，输出继电器 Q0.1 得电，小车进行卸料。同时接通定时器延时 10s。10s 后，变频器 MM440 的数字输入端子 DIN2 为 ON 状态。电动机按 P1120 所设置的斜坡上升时间反转运行，直至小车稳定运行在由 P1040 所设置的 30 Hz 频率对应的速度上。

为了保证运行安全，在 PLC 程序设计时，利用辅助继电器 Q0.2 和 Q0.3 的常闭触点实现互锁。

（3）电动机停止。无论小车当前处于装料、卸料还是运行状态，当按下停止按钮 SB2 后，PLC 输入端 I0.1 得电，小车不会立刻停止。小车会根据 PLC 所设定的程序，卸料结束并运行到左限位的初始状态时，小车才会停止。

习　题

1. 完善本任务的控制功能，要求增加以下功能：

（1）有急停功能。

（2）具有过载保护。

(3) 具有故障报警功能（声光报警）。

(4) 故障复位。

请完成硬件接线、参数设置、PLC 程序编制，并进行调试。

2. 有一个传送带装置，要求用 PLC 与变频器联合控制，实现以下功能：

(1) 能双向运行（正/反转运行）。

(2) 具有点动定位功能，点动速度为 10Hz。

3. 某台升降机，用变频器控制，要求有正反转指示，正转运行频率为 30Hz，反转运行频率为 20Hz。请用 PLC 与变频器联合控制，完成硬件接线、参数设置、PLC 程序编制，并进行调试。

任务二　多段调速的联机控制

知识目标：

(1) 认知 PLC 和变频器多段调速联机控制的原理。

(2) 认知变频器多段调速的控制方式。

(3) 认知多段调速的功能参数。

技能目标：

(1) 能正确进行多段调速的联机控制系统的硬件接线。

(2) 能正确进行多段调速的联机控制系统的变频器参数设置。

(3) 能正确进行多段调速的联机控制系统的 PLC 程序设计。

(4) 能正确进行多段调速的联机控制系统的调试和运行操作。

任务描述：

在工业生产中，由于工艺要求，生产机械需要在不同转速下运行，如：车床主轴变频和提升机等。现要求设计一个利用 PLC 和变频器实现的多段速控制系统。要求变频器输出频率为：10Hz、20Hz、30Hz、40Hz、－10Hz、－30Hz 和－50Hz。

7 段调速控制系统具体工作过程如下：按下电动机启动按钮，电动机启动运行在 10Hz 所对应的转速；延时 10s 后，电动机升速为 20Hz 的速度运行；再延时 10s 后电动机转为 30Hz 的速度运行；再延时 8s 转为 40Hz 的速度运行；再延时 10s 后转为－10Hz 的速度运行；再延时 15s 后转为－30Hz 的速度运行；再延时 20s 转为－50Hz 的速度运行；15s 后又以首段 10Hz 的速度运行，如此循环。运行中若按停止按钮，电动机应完成一个周期的工艺流程后才能停止。工作过程如图 3－2－1 所示。

任务分析：

MM440 变频器的 6 个数字输入端子（DIN1～DIN6），通过 P0701～P0706 设置实现多频段控制。每一频段的频率分别由 P1001～P1015 参数设置，最多可实现 15 频段控制，各个固定频率的数值选择见表 3－2－1。在多频段控制中，电动机的转速方向是由 P1001～P1015 参数所设置的频率正负决定的。6 个数字输入端子中，哪一个数字输入端

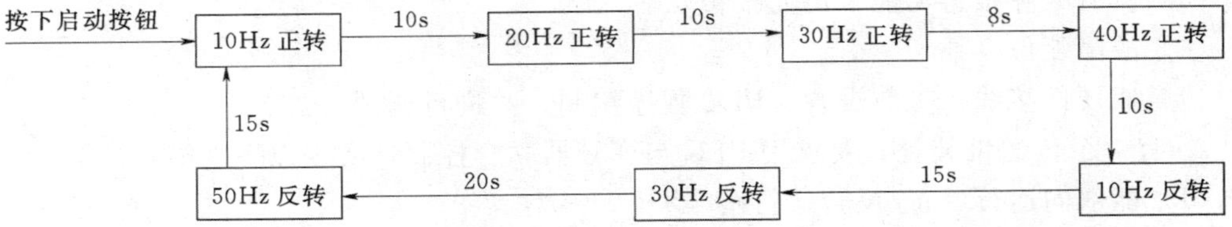

图 3-2-1 电动机 7 段速度控制系统工作过程示意图

子作为电动机启动、停止控制，哪些数字输入端子作为多段频率控制，是可以由用户随意确定的。一旦确定了某一数字输入端子的控制功能，其内部的参数设置值必须与端子的控制功能相对应。

表 3-2-1 **固定频率的数值**

固定频率	对应频率设置参数	DIN4	DIN3	DIN2	DIN1
FF1	P1001	0	0	0	1
FF2	P1002	0	0	1	0
FF3	P1003	0	0	1	1
FF4	P1004	0	1	0	0
FF5	P1005	0	1	0	1
FF6	P1006	0	1	1	0
FF7	P1007	0	1	1	1
FF8	P1008	1	0	0	0
FF9	P1009	1	0	0	1
FF10	P1010	1	0	1	0
FF11	P1011	1	0	1	1
FF12	P1012	1	1	0	0
FF13	P1013	1	1	0	1
FF14	P1014	1	1	1	0
FF15	P1015	1	1	1	1

本任务对系统进行速度控制，要求实现 7 段速度运行。系统 7 种转速按顺序执行，运行时按停止按钮不能即时停机，要完成一个周期的工艺流程后才能停止，属顺序控制。电动机转速可用 PLC 控制变频器来实现。7 种转速可用变频器多段速度参数 P1001、P1002、P1003、P1004、P1005、P1006 和 P1007 来预置，由 PLC 的输出端子 Q0.0、Q0.1 和 Q0.2 分别控制变频器的数字输入端子 DIN1、DIN2 和 DIN3 进行速度选择，Q0.3 来控制变频器的启停。变频器 7 段速度控制状态见表 3-2-2。

表 3-2-2　　变频器 7 段速度控制状态

速　度	参　数	速度端子状态		
		DIN3	DIN2	DIN1
速度 1	P1001	0	0	1
速度 2	P1002	0	1	0
速度 3	P1003	0	1	1
速度 4	P1004	1	0	0
速度 5	P1005	1	0	1
速度 6	P1006	1	1	0
速度 7	P1007	1	1	1

实施步骤：

一、I/O 分配

I/O 分配见表 3-2-3。

表 3-2-3　　变频器多段调速的 PLC 控制 I/O 分配

输入端（I）		输出端（Q）	
外接元件	输入端子	外接元件	输出端子
启动按钮 SB1	I0.0	变频器 DIN1 端子	Q0.0
停止按钮 SB2	I0.1	变频器 DIN2 端子	Q0.1
		变频器 DIN3 端子	Q0.2
		变频器 DIN4 端子	Q0.3

二、接线

按图 3-2-2 所示电路进行接线，检查电路正确无误后，合上电源开关 QS。

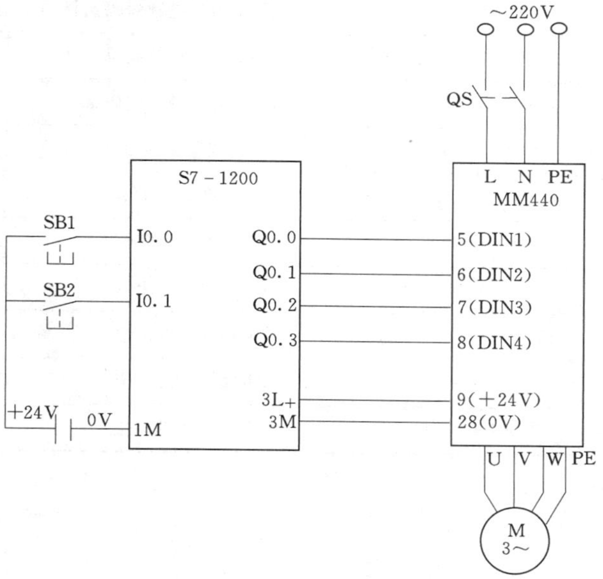

图 3-2-2　多段调速的联机控制接线图

三、参数设置

在变频器通电的情况下，完成相关参数设置，见表3-2-4。

表3-2-4　　7段固定频率控制参数

步　骤	设　置　参　数	功　能　说　明
1	参数复位	
2	P0010=1	快速调试
3	P0304=220	电动机额定电压/V
4	P0305=0.4	电动机额定电流/A
5	P0307=0.18	电动机额定功率/kW
6	P0310=50	电动机额定频率/Hz
7	P0311=1400	电动机额定转速/(r/min)
8	P0700=2	数字输入端控制变频器启停
9	P1000=3	固定频率给定
10	P1080=0	电动机最低运行频率
11	P1082=50	电动机最高运行频率
12	P1120=5	加速时间/s
13	P1121=5	减速时间/s
14	P3900=1	结束快速调试，进行电动机数据计算，并且将不包括在快速调试中的其他全部参数都恢复为出厂值
15	P0003=2	设定参数访问级为扩展级
16	P0701=17	DIN1为二进制编码选择
17	P0702=17	DIN2为二进制编码选择
18	P0703=17	DIN3为二进制编码选择
19	P1001=10	固定频率1设定值
20	P1002=20	固定频率2设定值
21	P1003=30	固定频率3设定值
22	P1004=40	固定频率4设定值
23	P1005=-10	固定频率5设定值
24	P1006=-30	固定频率6设定值
25	P1007=-50	固定频率7设定值

四、程序设计

1. 主程序

部分参考程序如图3-2-3所示。

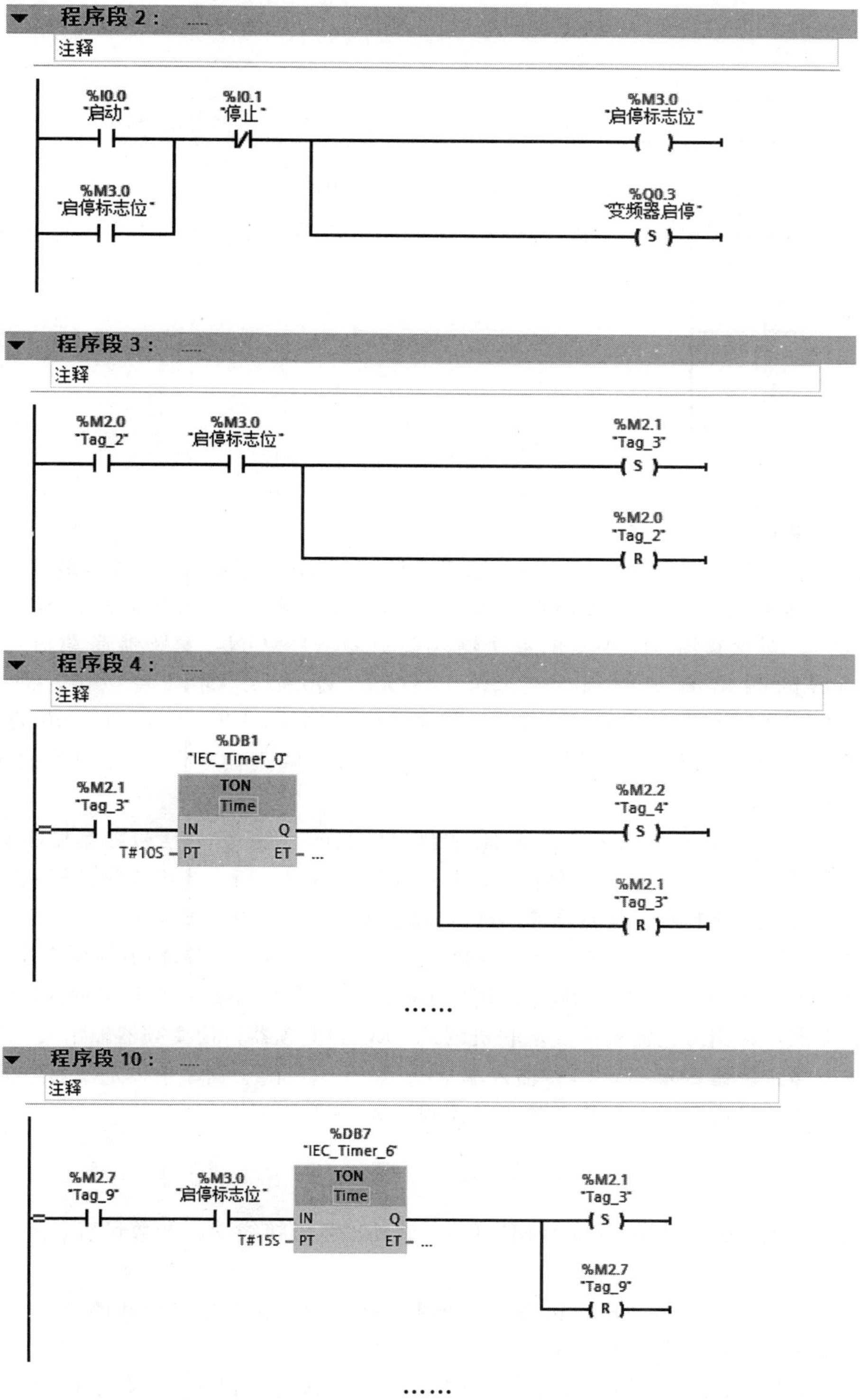

图 3-2-3（一）　多段调速部分参考程序

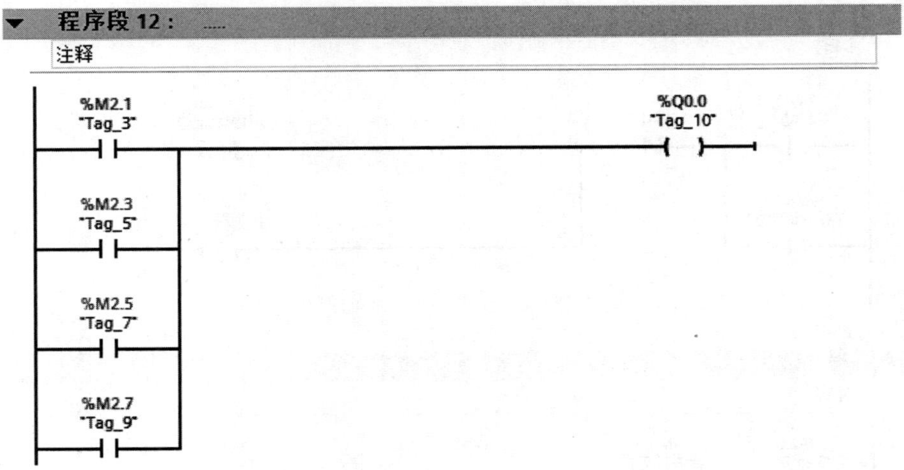

……

图 3－2－3（二）　多段调速部分参考程序

2. 系统调试

当按下启动按钮 SB1 时，PLC 输入端子 I0.0＝ON。这时 PLC 的输出端子一方面要控制变频器的启动，另一方面要控制变频器的输出频率。变频器的启动控制：使 Q0.3＝ON，即变频器 MM440 的数字输入端子 DIN4＝ON，变频器启动信号使能有效。变频器的输出频率控制：使 Q0.0＝ON、Q0.1＝ Q0.2＝OFF，即变频器 MM440 的数字输入端子 DIN1＝ON，DIN2＝DIN3＝OFF，变频器输出的频率是 P1001 参数设置的速度 1，这时电动机以 10Hz 的速度正向运转。变频器输出 10Hz 的同时定时 10s。

10s 定时结束后：一方面由于变频器还要继续工作，所以启动信号继续使能有效，即 Q0.3＝ON；另一方面，由于变频器的输出频率要发生变化，所以频率控制端子的状态要发生相应的变化。根据工艺流程的要求，这时应使 Q0.0＝Q0.2＝OFF，Q0.1＝ON，即变频器 MM440 的数字输入端子 DIN2＝ON、DIN1＝DIN3＝OFF，变频器输出的频率是 P1002 参数设置的速度 2，这时电动机以 20Hz 的速度正向运转。变频器输出 20Hz 的同时定时 10s。

依此类推，根据工艺流程的要求联机调试 PLC 和变频器，使变频器输出其他频率段。

当按下停止按钮 SB2 时，PLC 输入端子 I0.1＝ON，由于程序中设定了启停标志位和循环分支，电动机应完成一个周期的工艺流程后才能停止。

习　　题

1. 如果本任务中变频器型号为 MM420，试画出系统接线图、参数设置、并进行程序编写调试。

2. 有一台三相交流异步电动机带动大惯性机械负载，为避免启动和停止时负载冲击，需采用分段速度递增和递减的方式，其控制要求如下：

（1）电动机启动。当按下启动按钮 SB1 时，电动机首先以 10Hz 频率启动，5min 后运行频率提高为 25Hz，再过 5min 后以 40Hz 的频率正常运行。

(2) 停止过程。按下停止按钮 SB2，电动机立即减速至 25Hz，5min 后再次减速至 10Hz，再过 5min 后停止运行。

请完成硬件接线、参数设置、PLC 程序编制，并进行调试。

3. 在本任务的基础上，由七段调速增加到 15 段调速，15 段频率可自行设定。

任务三　变频与工频的切换控制

知识目标：

(1) 认知变频与工频切换控制的原理。

(2) 认知变频与工频切换控制的功能参数。

技能目标：

(1) 能正确进行变频与工频切换控制系统的硬件接线。

(2) 能正确进行变频与工频切换控制的变频器参数设置。

(3) 能正确进行变频与工频切换控制系统的 PLC 程序设计。

(4) 能正确进行变频与工频切换控制系统的调试和运行操作。

任务描述：

在采用变频调速拖动系统时，常提出了如下的要求：①可根据工作需要选择“工频运行”或“变频运行”；②在“变频运行”时，一旦变频器因故障而跳闸时，可自动切换为“工频运行”方式，保证系统的运行。部分生产机械在运行过程中，是不允许停机的。如纺织厂的排风机、锅炉的鼓风机和引风机等。针对这些机械的要求，在“变频运行”过程中，一旦变频器因故障而跳闸时，必须能够自动地切换为“工频运行”方式，并能进行报警。因此，和工频之间进行切换的控制是十分重要的。

任务分析：

变频与工频切换控制的电路如图 3-3-1 所示。各接触器的作用是：KM1 用于将电源接至变频器的输入端；KM2 用于将变频器的输出端接至电动机；KM3 用于将工频电源直接接至电动机。

此外，泵机在工频运行时，变频器无法对泵机的过载进行保护，而且，对于变频控制泵机频繁的升、降速产生的过热，变频器本身的电子热保护有时难以起到保护作用，所以，有必要接入热继电器 FR，用于作为泵机运行时的过载保护。

由于在变频器的输出端是绝对不允许与电源相接的，因此，接触器 KM2 和 KM3 绝对不允许同时接通，互相间必须有非常可靠的互锁。

工频、变频的运行方式由组合开关 SA 进行选择。当 SA 合至“工频档 SA1”时，按下工频启动按钮 SB1，使接触器 KM3 动作，电动机进入“工频运行”状态。按下工频停止按钮 SB2，接触器 KM3 断电，电动机停止运行。

当 SA 合至“变频档 SA2”时，按下变频启动按钮 SB3，接触器 KM2 动作，将电动机接至变频器的电源输出端。KM2 动作后，KM1 也动作，将工频电源接到变频器的电源输入

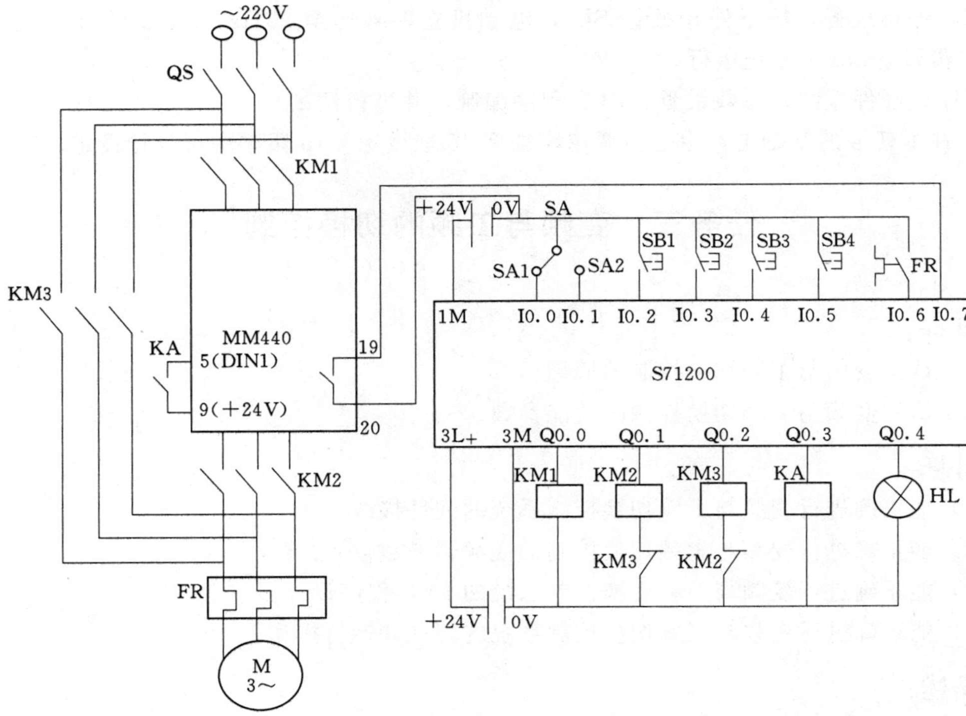

图 3-3-1　变频与工频切换控制的电路

端。此时，KA也得电工作，变频器的数字输入端子DIN1接通，变频器启动信号有效，电动机进入“变频运行”状态。按下变频停止按钮SB4，KA断电，变频器数字输入端子DIN1断开，使变频器运转信号无效，电动机开始停止运行，同时使接触器KM1、KM2断电。

在变频运行过程中，如果变频器因故障而跳闸，则变频器输出继电器1的“19、20”闭合，接触器KM2和KM1均断电，变频器的电源输入端和电源之间，以及变频器输出端和电动机之间都被切断。与此同时，由指示灯HL进行报警，并延时20s。定时结束后，KM3线圈得电，电动机进入工频运行状态。操作人员发现后，应将选择开关SA旋至“工频档SA1”，报警停止。

实施步骤：

一、I/O分配

I/O分配见表3-3-1。

表3-3-1　　变频与工频的切换控制PLC控制I/O分配

输入端（I）		输出端（Q）	
外接元件	输入端子	外接元件	输出端子
选择开关SA（工频档SA1）	I0.0	KM1	Q0.0
选择开关SA（变频档SA2）	I0.1	KM2	Q0.1
工频启动按钮SB1	I0.2	KM3	Q0.2

续表

输入端（I）		输出端（Q）	
外接元件	输入端子	外接元件	输出端子
工频停止按钮 SB2	I0.3	KA	Q0.3
变频启动按钮 SB3	I0.4	报警指示灯 HL	Q0.4
变频停止按钮 SB4	I0.5		
热继电器 FR	I0.6		
变频器故障	I0.7		

二、接线

按图 3-3-1 所示电路进行接线，检查电路正确无误后，合上电源开关。

三、参数设置

在变频器通电的情况下，完成相关参数设置，见表 3-3-2。

表 3-3-2　　工频变频切换控制参数

步　骤	设　置　参　数	功　能　说　明
1	参数复位	
2	P0010=1	快速调试
3	P0304=220	电动机额定电压/V
4	P0305=0.4	电动机额定电流/A
5	P0307=0.18	电动机额定功率/kW
6	P0310=50	电动机额定频率/Hz
7	P0311=1400	电动机额定转速/(r/min)
8	P0700=2	数字输入端控制变频器启停
9	P1000=3	固定频率给定
10	P1080=0	电动机最低运行频率
11	P1082=50	电动机最高运行频率
12	P1120=10	加速时间/s
13	P1121=10	减速时间/s
14	P3900=1	结束快速调试，进行电动机数据计算，并且将不包括在快速调试中的其他全部参数都恢复为出厂值
15	P0003=2	设定参数访问级为扩展级
16	P0010=0	调试参数过滤器，准备运行
17	P0701=1	DIN1 接通正转，断开停车
18	P0731=52.3	数字输出继电器 1 为故障监控

四、程序设计

1. 主程序

参考程序如图 3-3-2 所示。

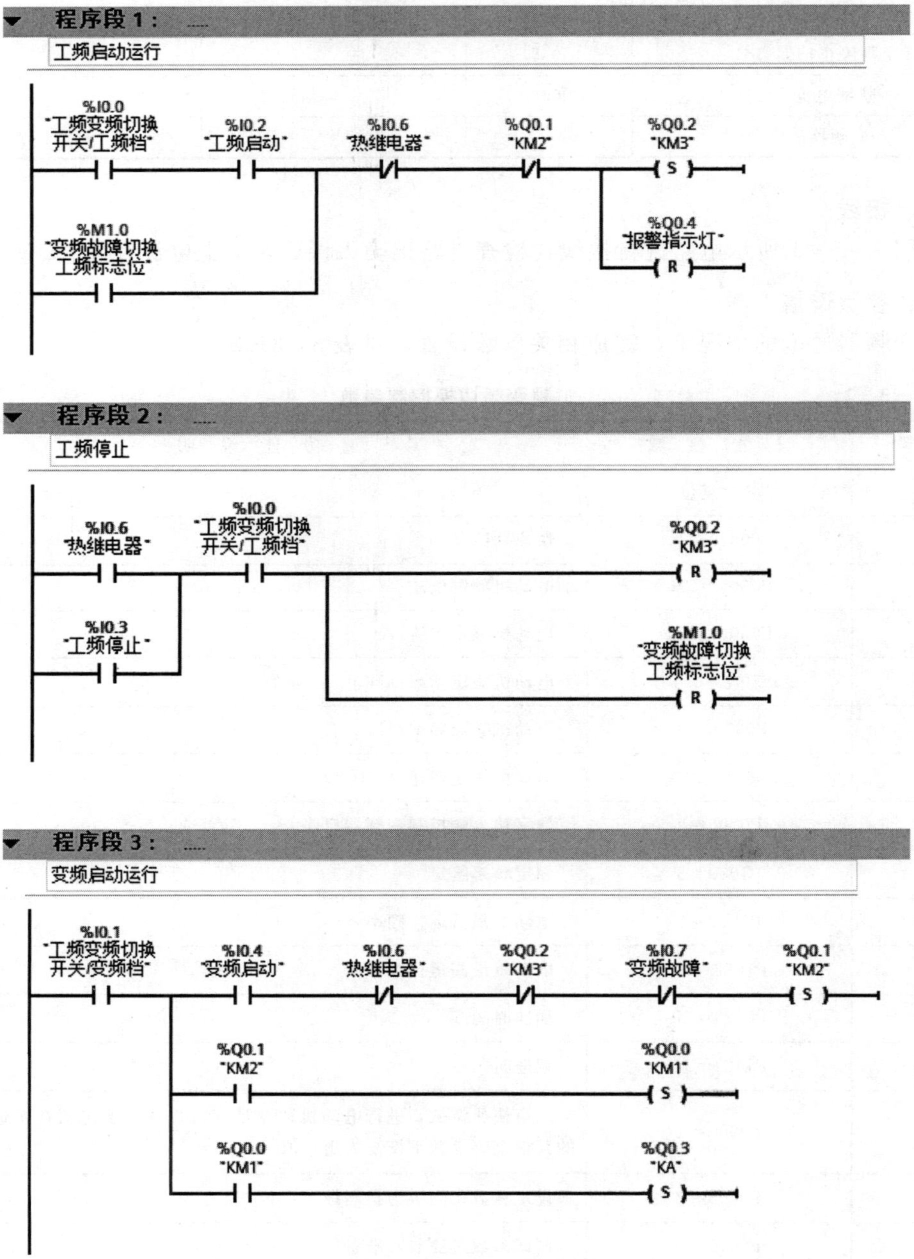

图 3-3-2（一）　变频与工频切换控制参考程序

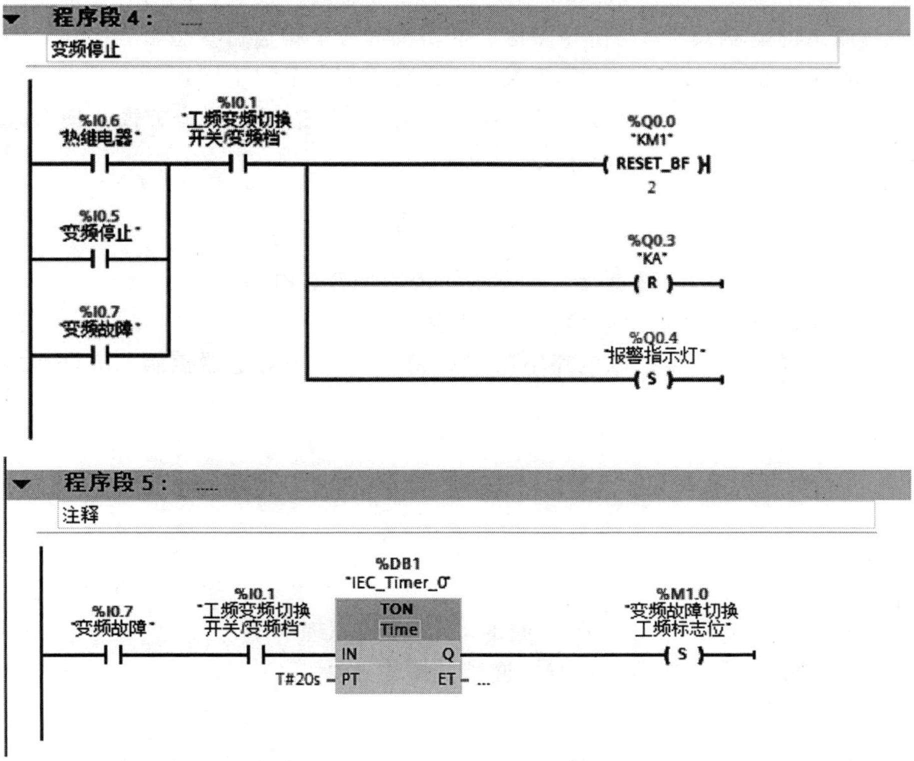

图 3-3-2（二）　变频与工频切换控制参考程序

2. 系统调试

（1）工频运行段。

1）首先将选择开关 SA 旋至“工频档 SA1”，为工频运行做好准备。

2）按下工频启动按钮 SB1，使输出继电器 Q0.2 动作并保持，从而接触器 KM3 动作，电动机在工频电压下启动并运行。

3）按下工频停止按钮 SB2，使输出继电器 Q0.2 复位，而接触器 KM3 失电，电动机停止运行。

注意：如果电动机过载，热继电器触点 FR 闭合接触器 KM3 复位，电动机停止运行。

（2）变频运行段。

1）首先将选择开关 SA 旋至“变频档 SA2”，为变频运行做好准备。

2）按下变频启动按钮 SB3，使输出继电器 Q0.1 动作并保持，从而接触器 KM2 动作，电动机接至变频器输出端；又使输出继电器 Q0.0 动作，从而接触器 KM1 动作，使变频器接通电源；同时使 Q0.3 动作，电动机在变频电压下启动并运行。

3）按下变频停止按钮 SB4，继电器 KA 断电，变频器数字输入端子 DIN1 断开，使变频器运转信号无效，电动机开始停止运行。

（3）变频跳闸段。如果变频器因故障而跳闸，则 I0.7 动作；一方面 Q0.0、Q0.1 和 Q0.3 复位，从而接触器 KM2 和 KM1、继电器 KA 也相继复位，变频器停止工作；另一方面，输出继电器Q0.4动作并保持，指示灯HL接通进行报警。同时，定时器开始计时20s，20s后输出继电器Q0.2动作并保持，电动机进入工频运行状态。

（4）故障处理段。报警后，操作人员应立即将SA旋至“工频运行”位。这时，输入继电器Q0.2动作，一方面使控制系统正式转入工频运行方式；另一方面，使Q0.4复位，停止报警。

习　题

1. 变频和工频切换的原理是什么，需要切换的场合有哪些？

2. 如何用PLC控制实现变频和工频的切换？

3. 如果变频和工频切换控制电路不用PLC控制，而用继电器控制的方法来实现，请画出控制电路图。

任务四　PLC与变频器通信的控制

知识目标：

（1）认知变频器与S7-1200 PLC间的USS通信原理。

（2）认知变频器USS通信的运行、调试及操作方法。

技能目标：

（1）能正确进行S7-1200 PLC与变频器USS通信控制系统的硬件接线和程序设计。

（2）能正确进行变频器USS通信参数设置。

任务描述：

要求使用S7-1200 PLC与西门子MM440变频器进行通信连接，编写调试程序，最终能够实现用S7-1200 PLC的通信端口控制变频器的启动、停止、改变输出频率，监控变频器实际电压、电流等目的。

任务分析：

传统的PLC与变频器之间的接口大多是利用PLC的数字量输出端子来控制变频器的启停，利用PLC的模拟量输出端子来控制变频器的速度。但是这样做存在以下问题：

（1）现场的布线多，容易引起噪声和干扰。

（2）PLC和变频器之间传输的信息受硬件的限制，交换的信息量很少。

（3）在变频器的启停控制中由于继电器接触器等硬件的动作时间有延时，影响控制精度。

（4）通常变频器的故障状态由一个接点输出，PLC能得到变频器的故障状态，但不能准确地判断当故障发生时，变频器是何种故障。

如果PLC通过与变频器进行通讯来进行信息交换，可以有效地解决上述问题。通信方式具有使用的硬件少、传送的信息量大、速度快等特点。另外，通过网络，可以连续地对多台变频器进行监视和控制，实现多台变频器之间的联动控制和同步控制，通过网络还可以实时地调整变频器的参数。

本任务通过使用 USS 通信协议，用户可以通过程序调用的方式实现 S7－1200 和西门子 MM440 变频器之间的通信，通过编程直接读取或变更变频器的工作状态，编程工作量小，通信网络由 PLC RS－485 扩展通信模块和变频器内置的 RS－485 通信端口及双绞线组成。

MM440 变频器的 29、30 号端子为 USS 通信端子，通过 CM1241 通信模块与 PLC 相接，如图 3－4－1 所示。RS－485 连接器针脚说明见表 3－4－1。

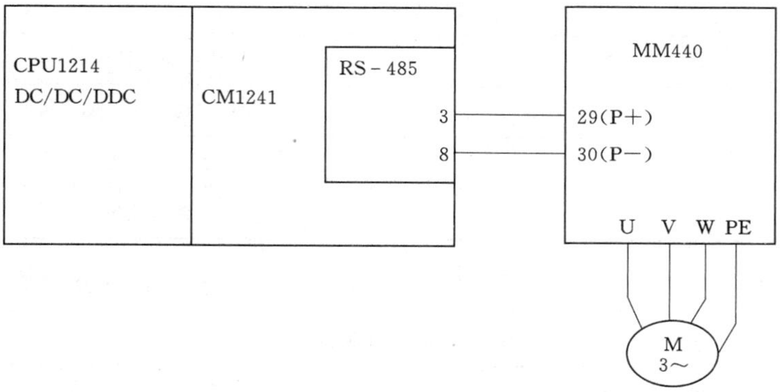

图 3－4－1　MM440 变频器与 S7－1200 PLC 通信端子接线图

表 3－4－1　　RS－485 连接器针脚说明

引　脚	说　明	连接器（母）	引　脚	说　明
1 GND	逻辑地或通信地	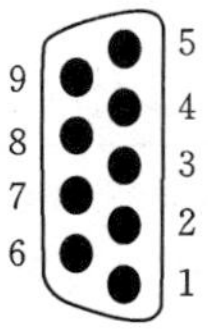	6 PWR	+5V 与 100Ω 串联电阻：输出
2	未连接		7	未连接
3 TXD+	信号 B（RXD/TXD+）：输入/输出		8 TXD−	信号 A（RXD/TXD−）：输入/输出
4 RTS	请求发送（TTL 电平）：输出		9	未连接
5 GND	逻辑地或通信地			

实施步骤：

一、I/O 分配

I/O 分配见表 3－4－2。

表 3－4－2　　PLC 与变频器通信的控制 I/O 分配

输入端（I）		输出端（Q）	
外接元件	输入端子	外接元件	输出端子
启动按钮 SB1	I0.2	正转指示灯	Q0.0
停止按钮 SB2	I0.4	反转指示灯	Q0.1
正转按钮 SB3	I2.2		
反转按钮 SB4	I2.3		
加速按钮 SB5	I2.0		
减速按钮 SB6	I2.1		

二、接线

MM440 变频器与 S7－1200 的 USS 通信端子的接线如图 3－4－1 所示。

三、参数设置

（1）通过操作面板对变频器参数进行复位。设置的复位参数见表 3－4－3。

表 3－4－3　　变频器复位参数

步　骤	设　置　参　数	功　能　说　明
1	P0003＝1	设用户访问级为标准级
2	P0010＝30	工厂的设定值
3	P0970＝1	参数复位

（2）设置变频器中的电机参数。使用快速调试设置电机参数，部分参数见表 3－4－4。

表 3－4－4　　变频器电动机参数设置

步　骤	设　置　参　数	功　能　说　明
1	P0304＝220	电动机额定电压/V
2	P0305＝0.4	电动机额定电流/A
3	P0307＝0.18	电动机额定功率/kW
4	P0310＝50	电动机额定频率/Hz
5	P0311＝1400	电动机额定转速/(r/min)
6	P0700＝5	选择命令源，命令源为远程控制方式，即 RS－485 的 USS 通信接收指令
7	P1000＝5	频率设定值的选择，频率设定源来自于 RS－485 的 USS 通信

（3）设置变频器 USS 通信运行参数。设置的 USS 通信参数见表 3－4－5。

表 3－4－5　　变频器 USS 通信参数

步　骤	设　置　参　数	功　能　说　明
1	P0003＝3	专家级参数
2	P2000＝50	基准频率/Hz
3	P2010＝6	即 RS－485 的通信速率为 9600b/s
4	P2011＝1	驱动器地址为 1
5	P2012＝2	USS 通信协议的过程数据 PZD 的长度为 2 字节
6	P2013＝4	USS 通信协议的参数标识符的 PKW 的长度为 4 字节

四、程序设计

1. 主程序

参考程序如图 3－4－2 所示。

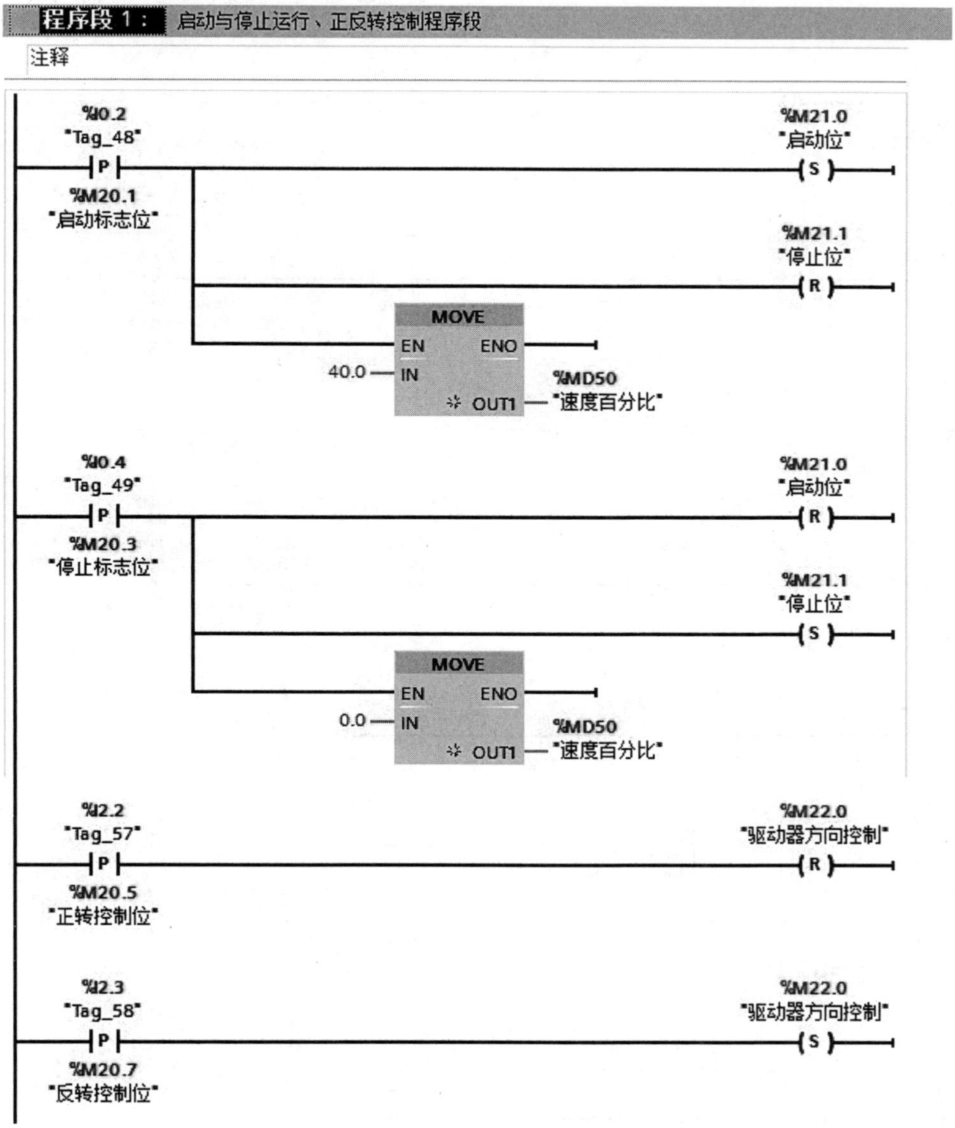

图 3-4-2（一）　PLC与变频器通信控制的参考程序

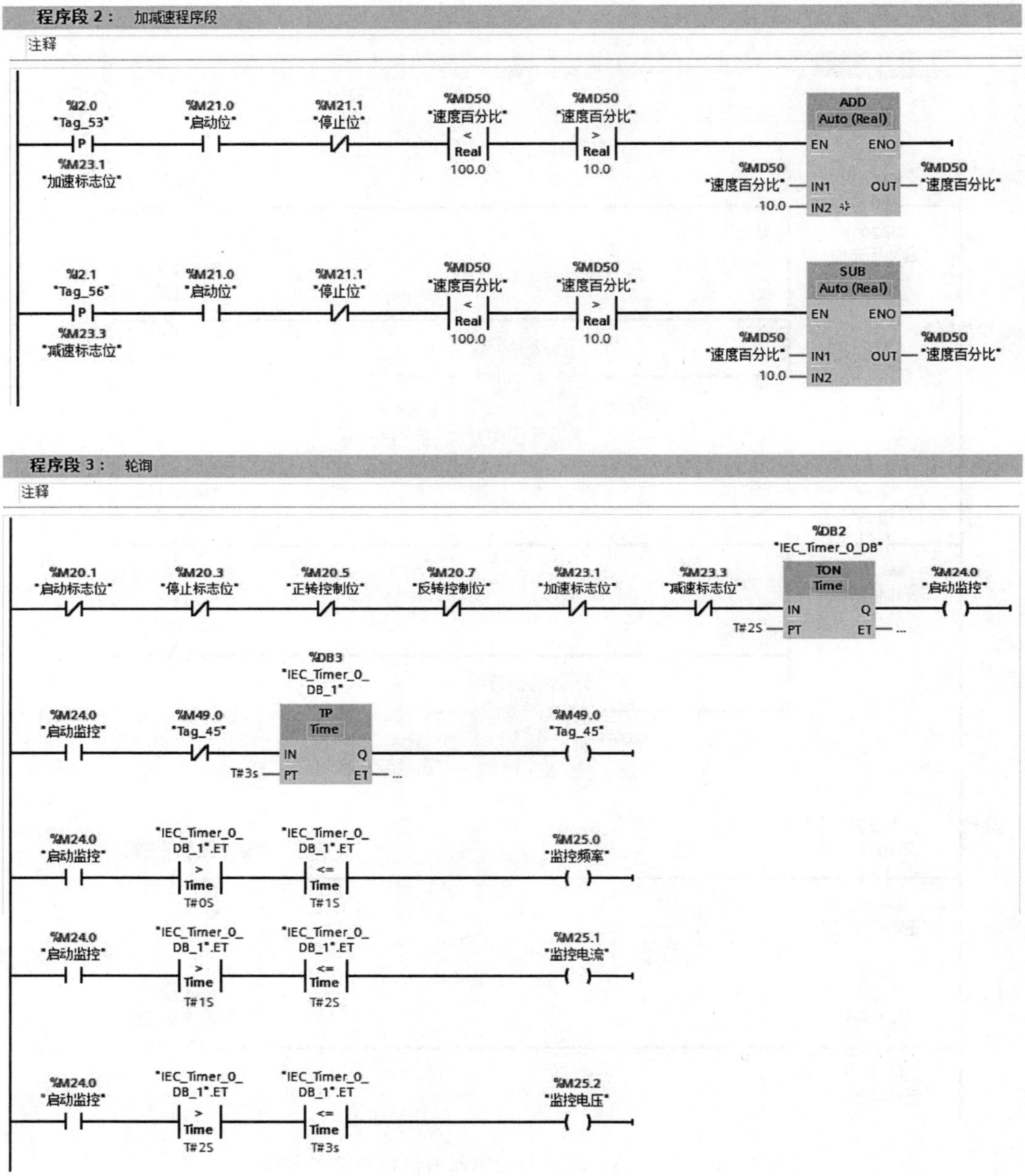

图 3－4－2（二） PLC 与变频器通信控制的参考程序

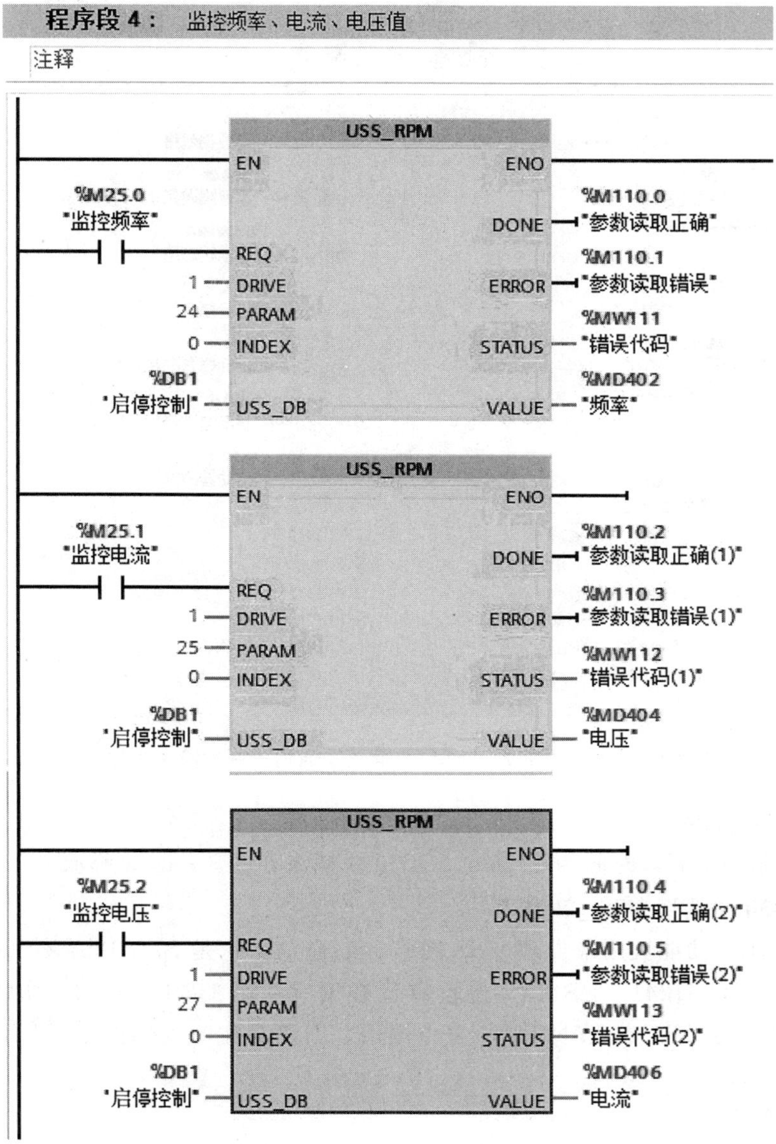

图 3-4-2（三）　PLC 与变频器通信控制的参考程序

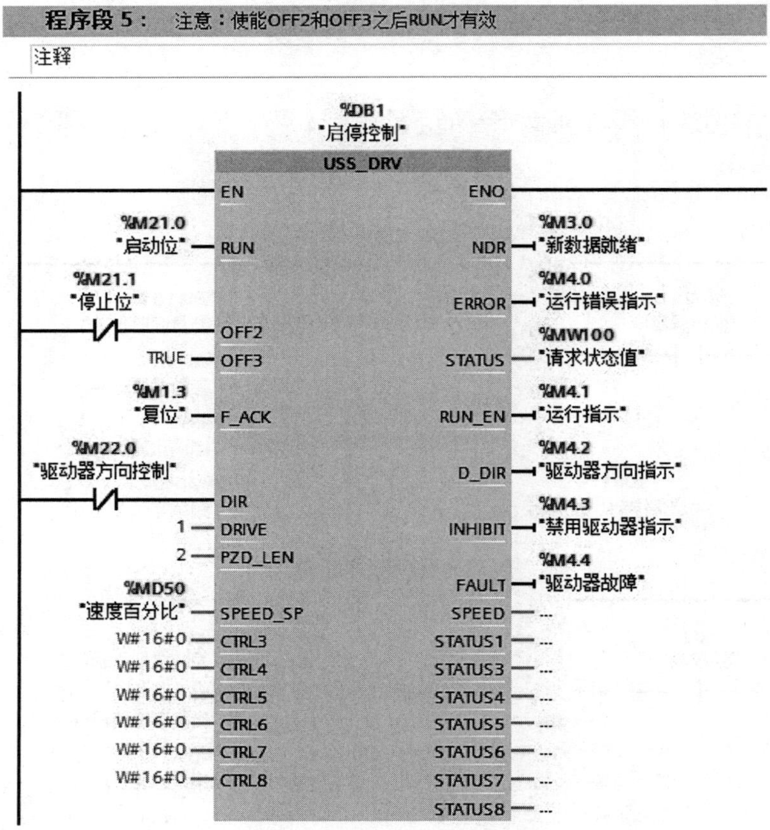

图 3 - 4 - 2（四）　PLC 与变频器通信控制的参考程序

2. 插入 OB30 块

OB30 为循环中断，时间为 100ms。OB30 块插入如图 3 - 4 - 3 所示。

3. 在 OB30 中调用 USS _ PORT

USS _ PORT 功能块用来处理 USS 网络上的通信，它是 S7 - 1200 CPU 与变频器的通信接口。每个 CM1241（RS485）模块有且必须有一个 USS _ PORT 功能块。USS _ PORT 指令可以在 OB1 或者时间中断块中调用，本例是在时间中断块 OB30 中调用，如图 3 - 4 - 4 所示。

4. 系统调试

按下启动按钮 SB1 后，PLC 输入端子 I0. 2 得电，MM440 变频器将按程序给定数据运行，如图 3 - 4 - 5 所示。

在图 3 - 4 - 5 中，变频器的运行频率通过 MOVE 指令输入，40. 0 是百分比的数值，即 40%，对应的输入频率为 50Hz×40%＝20Hz。

变频器运行的频率、电压、电流通过 USS 通信反馈到 PLC 程序中，如图 3 - 4 - 6 所示。

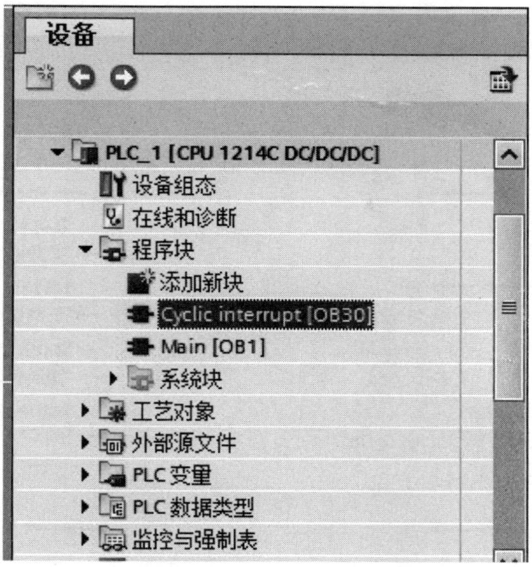

图 3－4－3　插入 OB30 块

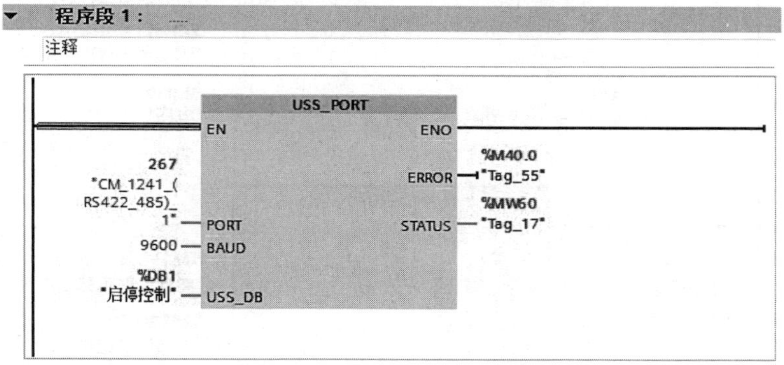

图 3－4－4　OB30 块中的 USS _ PORT 功能块

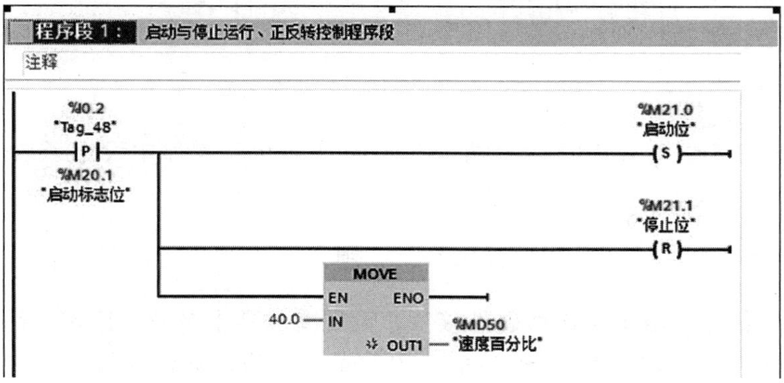

图 3－4－5　通过 MOVE 指令输入频率百分比

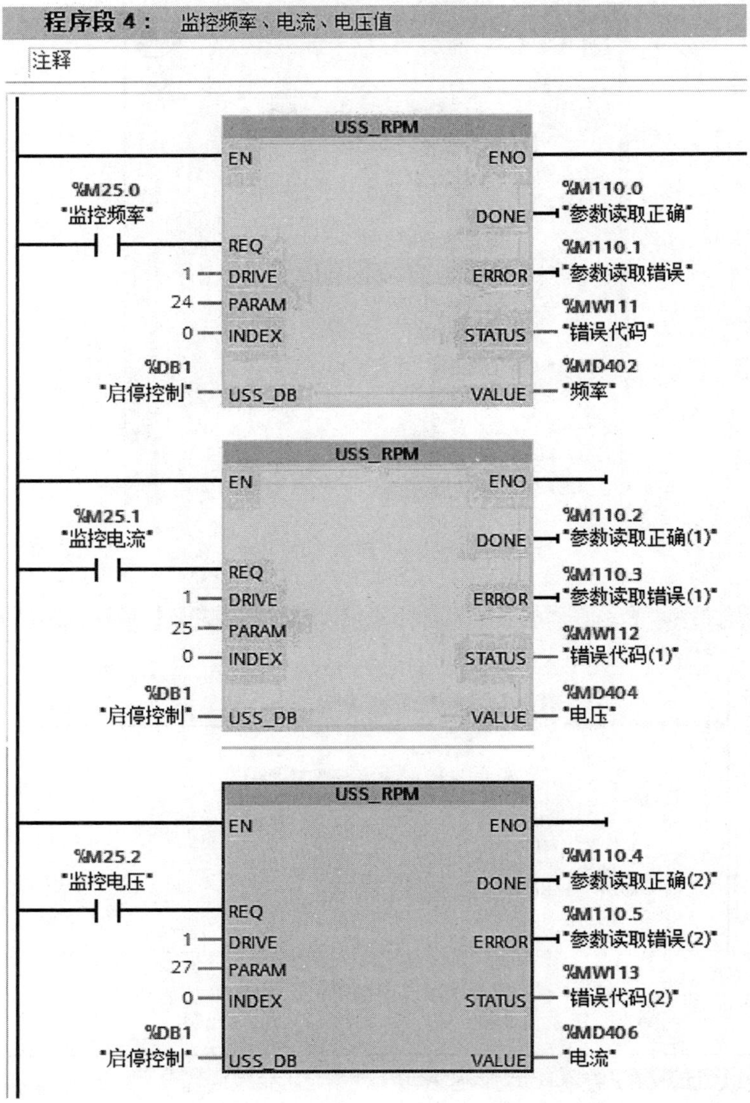

图 3－4－6　PLC读取变频器的值

按下停止按钮SB2时，PLC输入端子I0.4得电，由于程序中设定了启停标志位，变频器停止运行。

习　　题

1. 请根据本任务中给定案例做硬件接线、设置变频器参数及程序调试练习。
2. 如果用S7－200 PLC作USS通信，PLC的程序应该如何编写？
3. 在USS总线上可以有一个主站和最多几个从站？

项目四

变频器的选择、安装与维护

任务一　变 频 器 的 选 择

知识目标：

认知西门子变频器的控制方式的类型及特点。

技能目标：

(1) 能根据负载类型选择变频器的控制方式。

(2) 能根据负载特点选择变频器的容量。

任务描述：

根据工程项目的需要，选择配套水泵、皮带和提升机等的变频器。

任务分析：

选择变频器一方面要考虑变频器的控制方式与特性，另一方面还要考虑变频器的容量满足要求。

知识链接：

一、变频器控制方式的选择

西门子 MM4 系列变频器控制系统的变频调速控制方式主要有两种：压/频控制方式和矢量控制方式。

1. 压/频控制方式

MM420 采用压/频控制方式，采用压/频控制方式变频器的优点是：控制电路简单，通用性强，性价比高，可配接通用标准的异步电动机，故通用变频器广泛采用这种控制方式。由于压/频控制方式未采用速度传感器检测电动机实际转速，故转速控制精度较差，另外在转速低时产生的转矩不足。

2. 矢量控制方式

MM430、MM440 采用矢量控制，其特点如下所述：

(1) 低频转矩大。一般通用变频器在低频时的转矩较小，在 5Hz 以下无法满足负荷工作，而采用矢量控制的变频器在低频时也能使转矩高于额定转矩。

(2) 动态响应快。直流电动机不允许电流变化率过高，而矢量控制变频器允许电流变化快，因此调速响应快，一般可达毫秒级。

(3) 控制灵活。直流电动机通常根据不同的负载来选择不同特性的串励、并励或他励方式，而矢量控制的电动机可通过改变控制参数就能使一台电动机具有不同的特性。

矢量控制系统的适用范围主要有以下几个方面：

（1）恶劣的工作环境，如工作在高温高湿并有腐蚀气体环境中的印染机、造纸机等。

（2）要求高速响应的生产机械，如机械人驱动系统等。

（3）高精度的电力拖动，如钢板、线材卷取机等。

（4）高速电梯拖动。

3. 变频器控制方式的选择

（1）对于恒转矩负载。恒转矩负载是指转矩大小只取决于负载的轻重，而与负载转速大小无关的负载。电梯、挤压机、搅拌机、桥式起重机、提升机和带式输送机等都属于恒转矩类型负载。

对于恒转矩负载，若是调速范围不大，并对机械特性要求不高，可选用压/频控制方式或无反馈矢量控制方式的变频器。

（2）对于恒功率负载。恒功率负载是指转矩大小与转速成反比，而功率基本不变的负载。卷取类机械一般属于恒功率负载，如薄膜卷取机、造纸机械、轧钢机械等。

对于恒功率负载，可选用通用性压/频控制变频器；对于动态性能和精确度要求高的卷取机械，必须采用有矢量控制功能的变频器。

（3）对于二次方律负载。在各种风机、水泵、油泵中，随叶轮的转动，空气或液体在一定的速度范围内所产生的阻力大致与速度 n 的二次方成正比。随着转速的减小，转矩按转速的二次方减小。这种负载所需的功率与速度的三次方成正比。

由于风机在低速时，不存在低频能否带动的问题，故采用压/频控制方式已经足够。MM430 是风机、水泵专用变频器。

由于高速时所需功率随转速增长过快，与速度的三次方成正比，所以通常不应使风机、泵类负载超工频运行。

二次方律负载采用变频调速后节能效果极好，约可节电 20%～60%，有的场合甚至超过 70%，所以，推广风机调速，具有十分重要意义。

二、容量选择

在选用变频器时，通常先根据异步电动机的额定电流（或电动机运行中的最大电流）来选择变频器，再确定变频器容量和输出电流是否满足电动机运行条件。

1. 连续运转条件下的变频器容量选择

由于变频器供给电动机的是脉动电流，其脉动值比工频供电时的电流要大，在选用变频器时，容量应留有适当的余量。此时选用变频器应同时满足以下三个条件：

$$P_{CN} \geqslant \frac{KP_M}{\eta\cos\varphi}$$

$$I_{CN} \geqslant KI_M$$

$$P_{CN} \geqslant K\sqrt{3}U_M I_M \times 10^{-3}$$

式中　P_{CN}——变频器的额定容量，kVA；

K——电流波形的修正系数（PWM 方式取 1.05～1.1）；

P_M——电动机输出功率；

η——效率（取 0.85）；

$\cos\varphi$——功率因数（取 0.75）；

I_{CN}——变频器的额定电流，A；

U_M——电动机的电压，V；

I_M——电动机的电流，A。

式中的 I_M 如果按电动机实际运行中的最大电流来选择，变频器的容量可以适当减小。

2. 加/减速条件下的变频器容量选择

变频器的最大输出转矩由最大输出电流决定。通常对于短时的加/减速而言，变频器允许达到额定输出电流的 130%～150%，故在短时加/减速时的输出转矩也可以增大；反之，若只需要较小的加/减速转矩时，也可降低对变频器容量的要求。由于电流的脉动原因，此时应将变频器的最大输出电流降低 10%后再进行选定。

3. 频繁加减速运转时变频器容量的选择

根据加速、恒速、减速等各种运行状态下的电流值，按下式确定：

$$I_{CN}=\frac{I_1t_1+I_2t_2+\cdots+I_5t_5}{t_1+t_2+\cdots+t_5}K_0$$

式中 I_{CN}——变频器额定输出电流，A；

I_1、I_2、…、I_5——各运行状态平均电流，A；

t_1、t_2、…、t_5——各运行状态下的时间，s；

K_0——安全系数（运行频繁时取 1.2，其他条件下为 1.1）。

4. 一台变频器传动多台电动机，且多台电动机并联运行时的变频器容量选择

用一台变频器驱动多台电机并联运转时，对于一小部分电机开始启动后，再追加投入其他电机启动的场合，此时变频器的电压、频率已经上升，追加投入的电机将产生大的启动电流，因此，变频器容量与同时启动时相比需要大些。

以变频器短时过载能力为 150%，1min 为例计算变频器的容量，此时若电机加速时间在 1min 内，则应满足以下两式：

$$P_{CN}\geqslant\frac{2}{3}P_{CN1}\left[1+\frac{n_s}{n_T}(K_s-1)\right]$$

$$I_{CN}\geqslant\frac{2}{3}n_TI_M\left[1+\frac{n_s}{n_T}(K_s-1)\right]$$

若电机加速在 1min 以上时，则应满足以下两式：

$$P_{CN}\geqslant P_{CN1}\left[1+\frac{n_s}{n_T}(K_s-1)\right]$$

$$I_{CN}\geqslant n_TI_M\left[1+\frac{n_s}{n_T}(K_s-1)\right]$$

式中 n_T——并联电动机的台数；

n_s——同时启动的台数；

P_{CN1}——连续容量（kVA），$P_{CN1}=\dfrac{KP_M}{\eta\cos\varphi}$；

P_M——电动机输出功率；

η——电动机的效率（取 0.85）；

$\cos\varphi$——电动机的功率因数（取 0.75）；

K_s——电动机启动电流与电动机额定电流之比；

I_M——电动机额定电流；

K——电流波形正系数（PWM 方式取 1.05～1.10）；

P_{CN}——变频器容量，kVA；

I_{CN}——变频器额定电流，A。

变频器驱动多台电动机，但其中可能有一台电动机随时挂接到变频器或随时退出运行。此时变频器的额定输出电流可按下式计算：

$$I_{ICN} \geqslant K \sum_{i=1}^{j} I_{MN} + 0.9 I_{MQ}$$

式中　I_{ICN}——变频器额定输出电流，A；

I_{MN}——电动机额定输入电流，A；

I_{MQ}——最大一台电动机的启动电流，A；

K——安全系数，一般取 1.05～1.10；

j——余下的电动机台数。

5. 电动机直接启动时所需变频器容量选择

通常，三相异步电动机直接用工频启动时启动电流为其额定电流的 5～7 倍，对于电动机功率小于 10kW 的电机直接启动时，可按下式选取变频器。

$$I_{CN} \geqslant I_K / K_g$$

式中　I_K——在额定电压、额定频率下电机启动时的堵转电流，A；

K_g——变频器的允许过载倍数 $K_g = 1.3 \sim 1.5$。

在运行中，如电机电流不规则变化，此时不易获得运行特性曲线，这时可使电机在输出最大转矩时的电流限制在变频器的额定输出电流内进行选定。

6. 大惯性负载启动时变频器容量选择

通过变频器过载容量通常多为 125%、60s 或 150%、60s。需要超过此值的过载容量时，必须增大变频器的容量。这种情况下，一般按下式计算变频器的容量：

$$P_{CN} \geqslant \frac{K n_M}{9550 \eta \cos\varphi} \left[T_L + \frac{GD^2}{375} \times \frac{n_M}{t_A} \right]$$

式中　P_{CN}——变频器的额定容量，kVA；

K——电流波形的修正系数（PWM 方式取 1.05～1.10）；

n_M——电动机的额定转速，r/min；

η——电动机的效率（取 0.85）；

$\cos\varphi$——电动机的功率因数（取 0.75）；

T_L——负载转矩，N·m；

GD^2——换算到电机轴上的转动惯量值，$N \cdot m^2$；

t_A——电动机加速时间（s）由负载要求确定。

7. 轻载电动机时变频器的选择

电动机的实际负载比电动机的额定输出功率小时，多认为可选择与实际负载相称的变频器容量，但是对于通用变频器，即使实际负载小，使用比按电动机额定功率选择的变频器容量小的变频器并不理想，这主要是由于以下原因。

(1) 电动机在空载时也流过额定电流的30%～50%的励磁电流。

(2) 启动时流过的启动电流与电动机施加的电压、频率相对应，而与负载转矩无关，如果变频器容量小，此电流超过过流容量，则往往不能启动。

(3) 电动机容量大，则以变频器容量为基准的电动机漏抗百分比变小，变频器输出电流的脉动增大，因而过流保护容量动作，往往不能运转。

(4) 电动机用通用变频器启动时，其启动转矩同用工频电源启动相比多数变小，根据负载的启动转矩特性，有时不能启动。另外，在低速运转区的转矩有比额定转矩减小的倾向，用选定的变频器和电机不能满足负载所要求的启动转矩和低速区转矩时，变频器和电动机的容量还需要再加大。

任务实施：

【例1】　恒压供水系统，电机额定功率30kW，额定电压380V，额定电流57A。

恒压供水系统，负载类型为二次律负载，由于风机在低速时，不存在低频能否带动的问题，故采用压/频控制方式，可选用MM430，30kW，380～480V，额定输出电流62A。

MM430具有PID控制器、多泵切换、节能模式等功能可方便地实现恒压供水等系统的应用。

MM430无内置滤波器：6SE6430-2UD33-0DA0或

MM430带A级内置滤波器：6SE6430-2AD33-0DA0

注意：

(1) 为了避免过快升速或降速，在管道中引起水锤效应，所以，应注意将加、减速时间预置得长一些。

(2) 风机、泵类负载是最普通的负载，普通 U/f 控制变频器即可满足要求。也可选用专用变频器。

(3) 变频器的容量选择：等于电动机的容量即可。但空气压缩机、深水泵、泥沙泵、快速变化的音乐喷泉等负载，由于电动机工作时冲击电流很大，所以选择时应留有一定的裕量。

【例2】　皮带传送系统，电机额定功率7.5kW，额定电压380V，额定电流14.3A。

皮带传送系统为恒转矩负载，根据功率大小可选用MM420（或MM411）及MM440；MM420/MM440，7.5kW，380～480V，额定输出电流18.4A/19A。

MM420无内置滤波器：6SE6420-2UD27-5CA1或

MM440无内置滤波器：6SE6440-2UD27-5CA1

【例3】　提升机，电机额定功率37kW，额定电压380V，额定电流68A，2.5倍过载。

提升机在下降时，由于电机运行在发电状态下，将有能量回馈至变频器，须加装制动电阻，故应选用MM440；(若所选变频器功率大于90kW，还需另外增加制动单元)。

首先计算变频器电流，因MM440最大过载能力为2倍，故变频器额定电流应大于：$68\times2.5\div2=85$A，37kW MM440额定输出电流为75A，故应放大一档，即选用45kW

MM440，380～480V，90A，这样就可以满足电机过载要求；制动电阻需根据制动功率及制动周期选择。

MM440 无内置滤波器：6SE6440－2UD34－5FA1 或

MM440 带内置滤波器：6SE6440－2AD34－5FA1

【例 4】 一拖多的选型，一台变频器拖动 4 台 1.5kW 电动机，单台电动机电流为 3.4A，电压 380V，负载为恒转矩负载。

一拖多的选型在总电缆长度未超标的情况下，可按变频器额定电流的 80％选型；3.4×4÷0.8＝17A，所以可选用 7.5kW MM420 或 MM440。

MM420 无内置滤波器：6SE6420－2UD27－5CA1 或

MM440 无内置滤波器：6SE6440－2UD27－5CA1

知识拓展：

压/频控制方式，该方式在控制主电路输出电源频率变化的同时也调节输出电源的电压大小。其原因有两。

（1）电动机绕组对交流电呈感性，当变频器输出的交流电压频率高时，绕组感抗增大，流入绕组的电流偏小；当变频器输出的交流电压频率降低时，绕组感抗减小，流入绕组的电流过大，过大的电流易烧坏绕组。为此，需要在交流电压频率升高时提高电压，在交流电压频率下降时降低电压。

（2）在异步电动机运转时，一般希望不管是高速或低速都具有恒定的转矩。只要施加给异步电动机绕组的交流电压与频率之比是定值，即 U/f＝定值，转子就能产生恒定的转矩。故 U 上升→f 上升；U 下降→f 下降。

习　　题

1. M420、MM430、MM440 变频器分别采用什么控制方式？

2. 对于恒功率负载应怎样选择变频器的控制方式？

3. 某电梯采用 45kW 的电动机，额定电压 380V，功率因数 0.8，请选择变频器的型号及容量？

4. 某电机的额定电压 U_N＝380V，额定电流 I_N＝7.2A，工作状态为连续运行，无特别控制要求，请选择变频器的型号及容量？

任务二　变频器的安装

知识目标：

（1）认知变频器安装的要求和规范。

（2）认知变频器安装的方法。

技能目标：

（1）能正确地进行变频器的安装与接线。

（2）能正确地进行变频器安装配件的选择。

任务描述：

根据实际工程项目的需求，进行正确的变频器安装。

任务分析：

要正确地进行变频器的安装，要考虑变频器安装的环境条件，如何进行机械安装、电气安装和防电磁干扰等因素，保障变频器的正常运行。

知识链接：

一、变频器运行的环境条件

变频器作为自动化系统中重要的组成部分，也属于精密设备，变频器是否能安全、可靠地运行，很大程度上关系到自动化系统的稳定性。为了保证变频器能安全、可靠、稳定地运行，变频器的安装环境应满足以下几个方面的要求。

1. 设置场所

安装变频器的场所应具备以下条件：

（1）无易燃、易爆、腐蚀性气体和液体，粉尘少。

（2）结构房或电气室应湿气少，无水浸。

（3）变频器易于安装，并有足够的空间便于维修检查。

（4）应备有通风口或换气装置，以排出变频器产生的热量。

（5）应与易受变频器产生的高次偕波和无线电干扰影响的装置隔离。

（6）若安装在室外，须单独按照户外配电装置设置。

2. 环境温度、湿度

变频器是由电子元器件构成，电子元器件的可靠性和使用寿命受温度的影响很大。当电子元器件的结温超过规定值时，会使元器件损坏。如图 4-2-1 所示为变频器输出电流与环境温度的关系图，从图中我们可以看出，变频器的工作环境温度一般为－10～40℃。当变频器的工作环境温度超过 40℃时，例如达到 50℃，外形尺寸为 A 至 F 的变频器的输出电流仅为正常工作时输出电流的 1/2，严重影响了变频器的功能。所以，当环境温度大于变频器的规定的温度时，应当采取通风冷却等措施来降低环境温度。

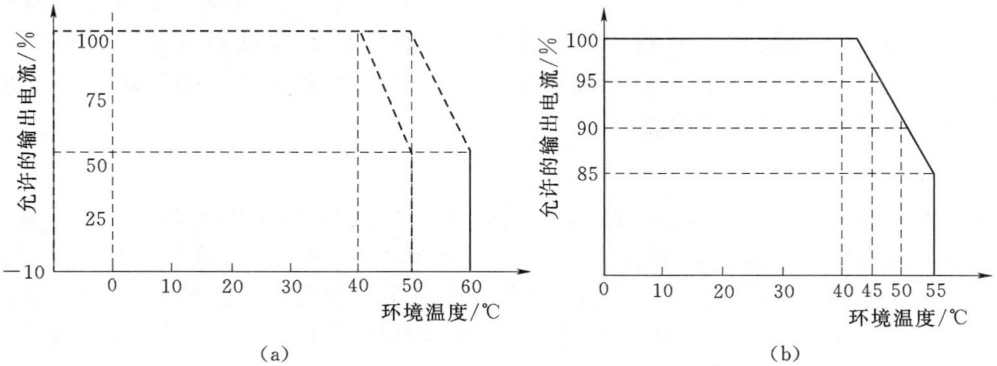

图 4-2-1　变频器输出电流与环境温度的关系

（a）外形尺寸 A 至 F；（b）外形尺寸 FX 和 GX

变频器的周围湿度为 90%以下。周围湿度过高，存在电气绝缘能力降低和金属部分的腐蚀问题。如果受安装场所的限制，变频器不得已安装在湿度高的场所，变频器的柜体应尽量采用密封结构。为了防止变频器停止时温度过低产生结露的情况，有时装置需加对流加热器。

3. 海拔高度

变频器的工作环境的海拔高度不应超过 1000m，海拔越高，空气越稀薄，变频器的散热效果越差。如果变频器工作环境的海拔高度超过 1000m，其输出电流和输入电源电压降格的要求如图 4-2-2 所示。

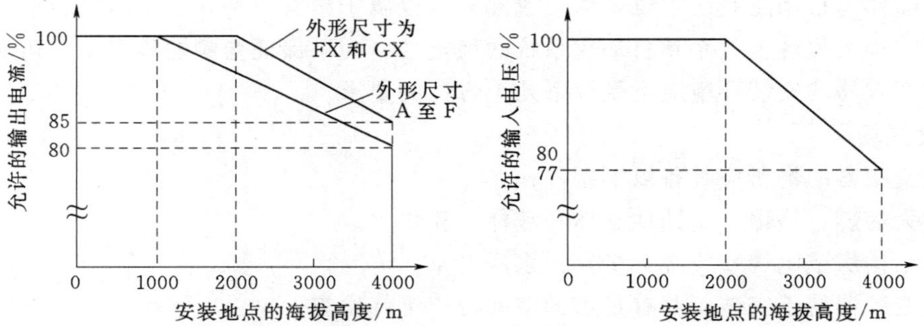

图 4-2-2　变频器输出电流和输出电压与海拔的关系

4. 冲击和振动

变频器在安装和运行的过程中，要避免变频器受到冲击和振动。安装场所的振动加速度应限制在 0.6g 以内，当变频器受到冲击和振动时，变频器中的焊点和螺钉等连接器件会松动或脱落，会引起变频器内元器件接触不良，甚至元器件间短路等。因此不允许变频器掉到地下或遭受突然的撞击，不允许把变频器安装在有可能经常受到振动的地方。对于机床、船舶等事先能预见的振动场合，应考虑变频器的振动问题。

5. 其他

变频器周围不应有腐蚀性、爆炸性或燃烧性气体以及粉尘和油雾。变频器的周围如有爆炸性和燃烧性气体，由于变频器内有易产生火花的继电器和接触器，所以有时会引起火灾或爆炸事故。有腐蚀性气体时，金属部分产生腐蚀，影响变频器的长期运行。如果变频器周围存在粉尘和油雾时，这些气体在变频器内附着、堆积将导致绝缘能力降低。对于强迫风冷的变频器，由于过滤器堵塞将引起变频器内温度异常上升，致使变频器不能稳定运行。

二、机械安装

变频器不能卧式安装（水平位置），必须垂直安装。单台变频器安装时，周围要留有空隙，变频器的安装空间如图 4-2-3 所示。当有多台变频器时，变频器可以一个挨一个地并排安装，中间不需要空隙；当一台变频器安装在另一台变频器之上时，必须保证规定的环境条件，至少要留有 100mm 的间隙。在变频器的附近不要安装有对冷却空气流通造成负面影响的其他设备。确认变频器的冷却风口处于正确的位置，不妨碍空气的流通。变频器在控制柜内的安装布置图如图 4-2-4 所示。设计控制柜体时要注意把不同的设备规划在不同的区域中。每个区域对噪声的发射和抗干扰度有不同的要求。区域在空间上最好用金属壳或在柜体内用接地隔板隔离。变频器在控制柜内的分区域安装布置图如图4-2-5所示。

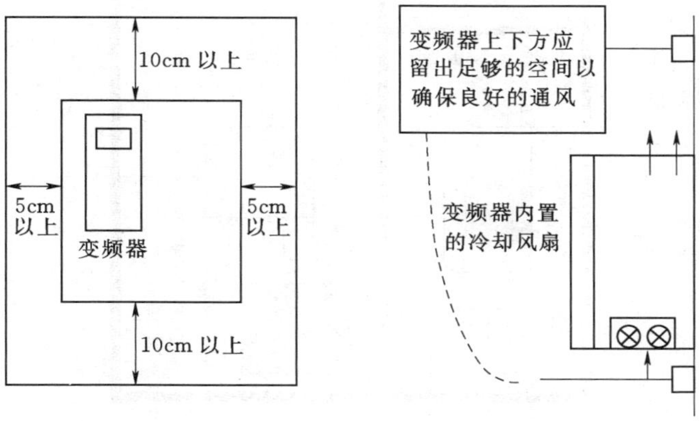

图4-2-3　变频器的安装空间

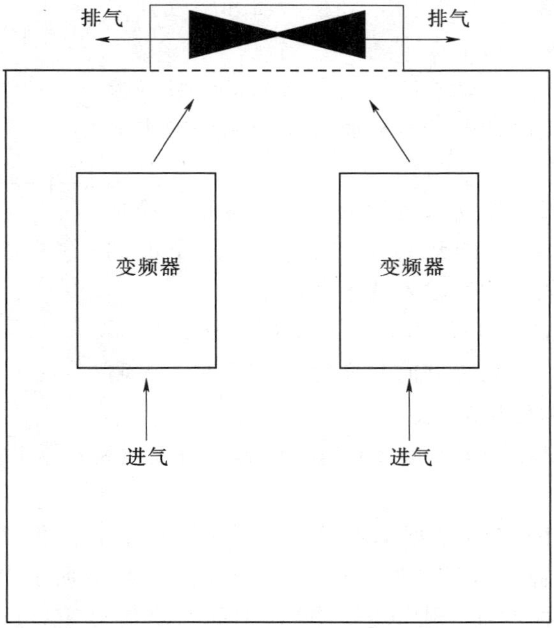

图4-2-4　变频器在控制柜内的安装布置图

三、电气安装

1. 主电路接线

变频器主电路接线如图4-2-6所示，变频器与供电电源之间应装有带短路及过载保护功能的断路器。

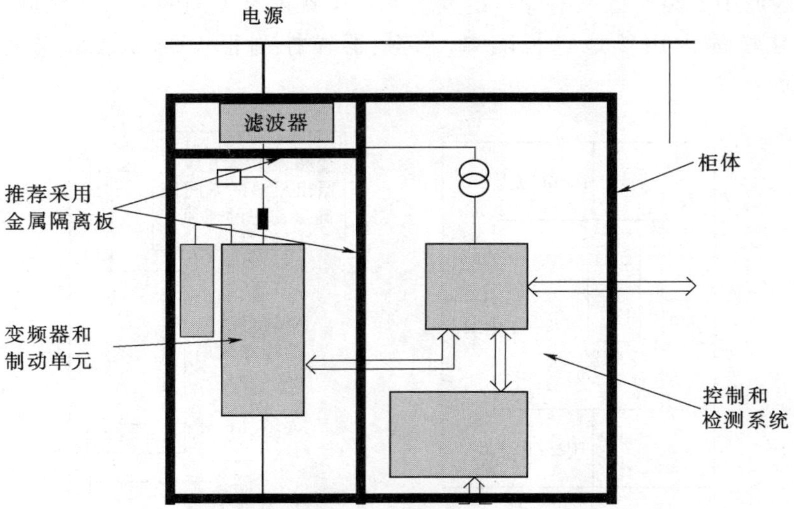

图 4-2-5　变频器在控制柜内的分区域安装布置图

注意：

(1) 主电路电源端子 R、S、T，经接触器和空气开关与电源连接，不需要考虑相序。

(2) 变频器的保护功能动作时，继电器的常闭触点控制接触器电路，会使接触器断开，从而切断变频器的主电路电源。

(3) 不应以主电路的通断来进行变频器的运行、停止操作，而需用控制面板上的运行键（RUN）和停止键（STOP）或通过变频器的数字输入端子来操作。

(4) 变频器输出端子（U、V、W）最好经热继电器再接至三相电动机上，当旋转方向与设定不一致时，要调换 U、V、W 三相中的任意两相。

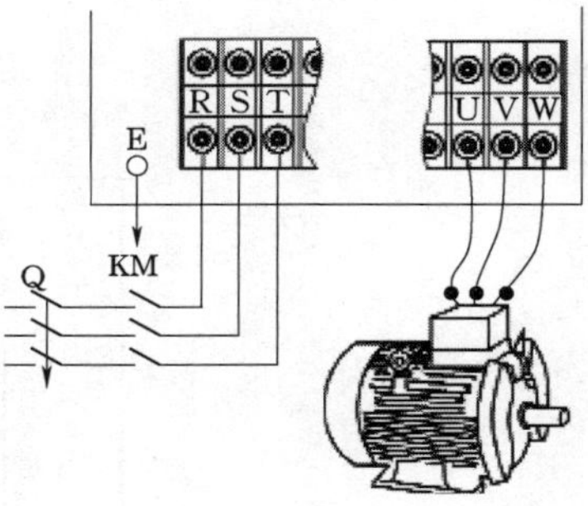

图 4-2-6　变频器主电路接线图

(5) 变频器的输出端子不要连接到电力电容器或浪涌吸收器上。

2. 控制电路接线

变频器控制电路的接线主要有外部开关信号和外部模拟量信号与变频器连接。MM440 变频器控制电路接线端子如图 4-2-7 和图 4-2-8 所示。

变频器的模拟量控制线主要包括：输入侧的给定信号线、反馈信号线和输出侧的频率信号线、电流信号线。模拟量信号的抗干扰能力较低。因此，必须使用屏蔽线。屏蔽层靠近变频器的一端，应接控制电路的公共端（COM），不要接到变频器的地端（E），如图 4-2-9 所示。屏蔽层的另一端应该悬空。布线时还应该遵守以下原则：

(1) 尽量远离主电路 100mm 以上。

(2) 尽量不和主电路交叉，如必须交叉时，应采取垂直交叉的方式。

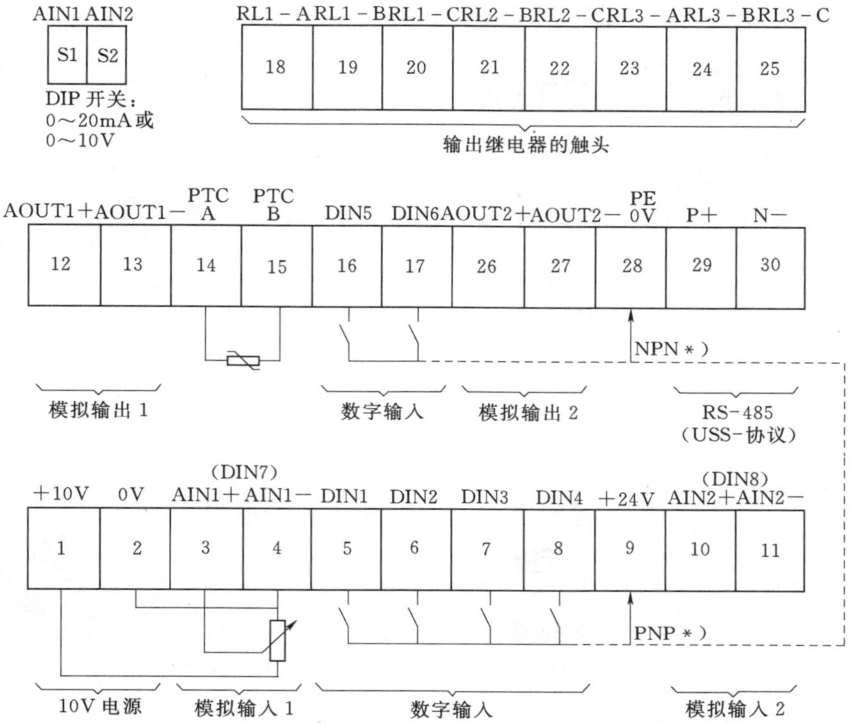

图 4－2－7　MM440 变频器控制电路接线端子布置图

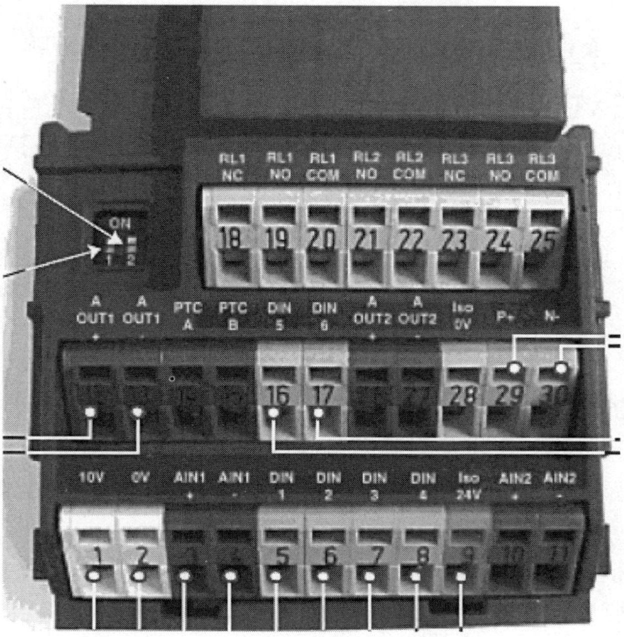

图 4－2－8　MM440 变频器控制电路接线端子实物外形图

3. 变频器与电动机接线图

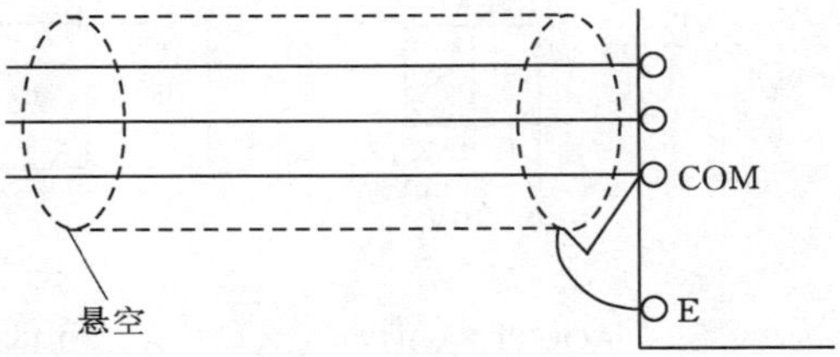

图 4－2－9　屏蔽线的接法

变频器与电动机接线如图 4－2－10 所示，在变频器与电动机和电源线连接时必须注意以下几点：

（1）变频器必须接地。

（2）在变频器与电源线连接或更换变频器的电源线之前，应完成电源线的绝缘测试。

（3）确信电动机与电源电压的匹配是正确的。

（4）不允许把 MM440 变频器连接到电压更高的电源上。

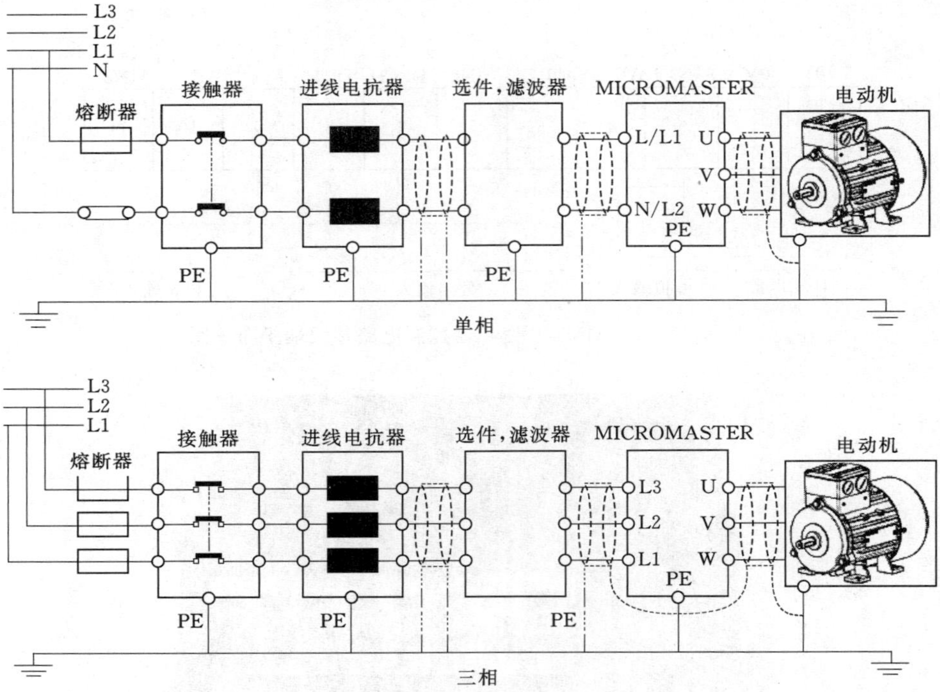

图 4－2－10　变频器与电动机接线图

四、电磁干扰的防护

为确保变频器运行在一个可能存在着较高的电磁干扰（EMI）工业环境中。通常，好的安装经验可以确保变频器安全和无故障运行。如果受到电磁干扰的影响较大，可采取以下相关措施。

（1）确保传动柜中的所有设备接地良好，使用短和粗的接地线连接到公共接地点或接地母排上。特别重要的是，连接到变频器的任何控制设备（比如一台 PLC）要与其共地，同样也要使用短和粗的导线接地，如图 4－2－11 所示。最好采用扁平导体（例如金属网），因其在高频时阻抗较低。

图 4-2-11　变频器接地的接法

(2) 安装变频器时，建议安装板使用无漆镀锌钢板，以确保变频器的散热器和安装板之间有良好的电气连接。

(3) 为有效地抑制电磁波的辐射和传导，变频器的电机电缆必须采用屏蔽电缆，屏蔽层的电导必须至少为每相导线芯的电导的 1/10。

(4) 控制电缆最好使用屏蔽电缆。一般来说，控制电缆的屏蔽层应直接在变频器的内部接地，另一侧通过一个高频小电容（例如 3.3μF/3000V）接地。当屏蔽层两端的差模电压不高和连接到同一地线上时，也可以将屏蔽层的两端直接接地。信号线和它的返回线绞合在一起，能减小感性耦合引起的干扰。绞合越靠近端子越好。模拟信号的传输线应使用双屏蔽的双绞线。不同的模拟信号线应该独立走线，有各自的屏蔽层，以减少线间的耦合。不要把不同的模拟信号置于同一个公共返回线。低压数字信号线最好使用双屏蔽的双绞线，也可以使用单屏蔽的双绞线。

(5) 电机电缆应独立于其他电缆走线，其最小距离为 500mm。同时应避免电机电缆与其他电缆长距离平行走线，这样才能减少变频器输出电压快速变化而产生的电磁干扰。如果控制电缆和电源电缆交叉，应尽可能使它们按 90°交叉。同时必须用合适的夹子将电机电缆和控制电缆的屏蔽层固定到安装板上。

习　题

1. 变频器安装的环境要求是什么？
2. 变频器电气安装的注意事项有哪些？
3. 防护电磁干扰的措施有哪些？

任务三　变 频 器 的 维 护

知识目标：

(1) 认知变频器运行数据记录的内容。

(2) 认知变频器日常检查和保养的要求。

技能目标：

(1) 能正确记录变频器运行数据。

(2) 能正确检查变频器。

(3) 能进行简单的变频器维修。

任务描述：

根据变频器的运行维护项目要求正确进行维护。

任务分析：

变频调速技术是现代电力拖动技术重要的发展方向，为调速和启动等方面提供了优异的性能，实现了较高程度的自动化，节约了人力物力，相对耗能大大降低。但如忽视了对变频器的日常维护保养，也会造成事故，影响相应系统的正常运行。因此，企业会制定变频器的运行维护规程，并按照规程进行日常维护。

知识链接：

一、运行数据记录，故障记录

每天要记录变频器及电机的运行数据，包括变频器输出频率、输出电流、输出电压、变频器内部直流电压和散热器温度等参数，与合理数据对照比较，以利于早日发现故障隐患。变频器如发生故障跳闸，务必记录故障代码和跳闸时变频器的运行工况，以便具体分析故障原因。

二、变频器日常检查

每两周进行一次，检查记录运行中的变频器输出三相电压，并注意比较他们之间的平衡度；检查记录变频器的三相输出电流，并注意比较他们之间的平衡度；检查记录环境温度，散热器温度；察看变频器有无异常振动、声响，风扇是否运转正常。

三、变频器保养

每台变频器每季度要清灰保养 1 次。保养要清除变频器内部和风路内的积灰、脏物，将变频器表面擦拭干净；变频器的表面要保持清洁光亮；在保养的同时要仔细检查变频器内有无发热变色部位，水泥电阻有无开裂现象，电解电容有无膨胀、漏液和防爆孔突出等现象，PCB 板有否异常，有没有发热烧黄部位。保养结束后，要恢复变频器的参数和接线，送电、带电机工作在 3Hz 的低频约 1min，以确保变频器工作正常。

四、变频器大修

变频器具体大修项目主要依据变频器使用年限以及日常检查的结果决定。

1. 风扇

(1) 器件状况判别：风扇是变频器的常用备件，风扇损坏分为电气损坏和轴承损坏。电气损坏风扇会不运转，这在日常检查中就可以发现，发现后要立即更换。轴承损坏，可以发现风扇在运转时的噪声和振动明显增大，这时要尽快予以更换。也可以根据相应变频器说明书的建议，在风扇使用到达一定年限后（一般 3 年左右），统一予以更换。

(2) 更换办法：推荐使用原装的风扇备件，但有时原装的备件很难买到，或订货周期很长，则可以考虑使用替代品。替代品必须保证外形与安装尺寸与原装的完全一致，电源相同，功耗，风量和质量与原装的相近。

(3) 更换以后的检验：更换以后要试运行，观察风扇的风量，运行噪声和振动的状况，连续运转约 0.5h，再观察整机的温升，如果一切正常，则可以判定更换（或替换）成功。

2. 主滤波电容

(1) 器件状况判别：主滤波电解电容是变频器的常用备件。如果电容发生漏液、膨胀或防爆孔破裂的现象，要立即更换。日常检查时要注意检查电容的容量，当电容容量低于标称值15%时，要尽快予以更换。也可以根据相关变频器的说明书，在使用达到一定年限后，统一予以更换。主回路滤波电解电容的使用寿命与变频器的环境温度有较大关联，如果平时使用注意，变频器安装环境良好，则可以大大延长电解电容的使用寿命。

(2) 更换办法：推荐使用原装的电容备件，但有时原装的备件很难买到，或订货周期很长，则可以考虑使用替代品。替代品必须保证安装尺寸与原装的完全一致，长度小于或等于原装的，耐压和标称工作温度大于或等于原装的，总电容量与原装的相近。

(3) 更换以后的检验：更换以后要试运行，满载运行2h，如果电容本体没有严重发热，则可以确认更换成功。

3. 大功率电阻

(1) 器件状况判别：观察大功率电阻的表面颜色，如果是水泥电阻的话要观察电阻表面是否有裂缝，如果电阻老化现象明显（颜色变黑、严重开裂），则要求更换。

(2) 更换办法：推荐使用原装的电阻备件，但也可以用替代品。替代品首先要功率和电阻值与原装电阻相近，其次要求安装方式和安装尺寸也要与原来的一致。

(3) 更换以后的检验：更换以后要试运行，断电、送电重复3次，注意断电再送电之间的时间间隔，再带满载运行0.5h，如果一切正常则可以确认更换成功。

4. 接触器或继电器

(1) 器件状况判别：接触器或继电器一般有累计动作次数寿命，超过了的话就要更换。日常检查如发现触点接触不良的话，要立即更换。

(2) 更换办法：推荐使用原装的备件，但也可以用替代品。替代品的触点容量和线圈要与原装的一致，安装方式和安装尺寸也要与原来的相同，质量也要相当。

(3) 更换以后的检验：更换以后要试运行，令接触器反复动作多次，再带满载运行0.5h，如果一切正常则可以确认更换成功。

5. 结构件

(1) 器件状况判别：变频器的塑料外壳有可能被碰坏，视具体情况决定是否更换。变频器内部安装螺丝如有打滑或生锈的情况，应当予以更换。

(2) 更换办法：外壳更换一定要用原装备件，螺丝等结构件则可以用相同规格相同质量的替代产品。

(3) 更换以后的检验：螺丝更换以后一定要拧紧，并带满载试验，确保不会因为接触电阻太大而引起发热。

6. 操作显示

(1) 器件状况判别：变频器的操作显示单元如果有显示缺失或按键失效的现象，则要予以更换。

(2) 更换办法：更换要用原装的产品或兼容的升级替代产品。

(3) 更换以后的检验：更换后要上电检查显示和动作是否完全正常。

7. 线路板

(1) 器件状况判别：印刷线路板原则上不去更换，但如在日常检查中发现有严重发热烧黑的现象，则可以考虑予以更换。

(2) 更换办法：更换一定要用原装备件。

(3) 更换以后的检验：更换后要做满载试验约 1h，运行正常才能确认更换成功。

习 题

1. 间隔多长时间检查一次变频器输出三相电压？间隔多长时间进行一次清灰保养？

2. 日常检查时要注意检查电容的容量，当电容容量低于标称值多少时，要尽快予以更换？

附录一 西门子 MM440 通用变频器常用功能参数表

参数代码	设置值	说明
P0003	1	标准级，包括最常使用的参数
	2	扩展级，包括变频器 I/O 功能
	3	专家级，只供经验丰富的使用人员使用
	4	维修级，只有得到授权的维修人员才能修改，具有密码保护
P0004	0	全部参数
	2	变频器参数
	3	电动机参数
	4	速度传感器
	5	工艺应用对象或装置
	7	命令、二进制 I/O
	8	ADC（模/数转换）和 DAC（数/模转换）
	10	设定值通道/斜坡函数发生器
	12	驱动装置的特征
	13	电动机的控制
	20	通信
	21	报警、警告、监控
	22	工艺参量控制器
P0010	0	运行准备状态。在变频器投入运行之前应将本参数复位为 0
	1	快速调试状态。此状态下只有一些重要的参数显示出来，通畅时设置电动机参数和变频器的命令源和信号源，从而达到简单快速运转电动机的一种操作模式
	2	用于维修
	29	数据传送状态。利用 PC 工具（例如 Drive Monitor，STARTER）传送参数文件，首先应借助 PC 工具将参数 P0010 设定为 29，并在下载完成以后，利用 PC 工具将参数 P0010 复位为 0
	30	复位变频器的参数。变频器将自动地把所有参数复位到出厂设定值
P0304	根据电动机铭牌来设置	电动机的额定电压/V
P0305	根据电动机铭牌来设置	电动机的额定电流/A
P0307	根据电动机铭牌来设置	电动机的额定功率/kW
P0311	根据电动机铭牌来设置	电动机的额定转速/(r/min)

续表

参数代码	设置值	说明
P0700	0	工厂的出厂设置
	1	变频器启停由 BOP（键盘）控制
	2	变频器启停由数字输入端子控制
	4	通过 BOP 链路的 USS 通信控制
	5	通过 COM 链路的 USS 通信控制
	6	通过 COM 链路的 CB 通信控制
P0701～P0706	0	禁止数字量输入
	1	ON/OFF1。接通时正转，断开时停车命令 1，变频器按选定的斜坡下降速率减速，并停止转动，斜坡下降时间由参数 P1121 设定
	2	ON/OFF1。接通时反转，断开时停车命令 1，变频器按选定的斜坡下降速率减速，并停止转动，斜坡下降时间由参数 P1121 设定
	3	停车命令 2，按惯性自由停车
	4	停车命令 3，按斜坡函数曲线快速减速停车
	9	故障确认
	10	正向点动
	11	反向点动
	12	反转
	13	MOP（电动电位计）升速（增加频率）
	14	MOP 降速（减少频率）
	15	固定频率设定值（直接选择）
	16	固定频率设定值（直接选择＋ON 命令）
	17	固定频率设定值（二进制编码选择＋ON 命令）
	25	直流注入制动
	29	由外部信号触发跳闸
	33	禁止附加频率设定值
	99	使 BICO 参数化
P0731～P0733	52.0	变频器准备
	52.1	变频器运行准备就绪
	52.2	变频器正在运行
	52.3	变频器故障
	52.4	OFF2 停车命令有效
	52.5	OFF3 停车命令有效

续表

参数代码	设置值	说明
P0731～P0733	52.6	禁止合闸
	52.7	变频器报警
	52.8	设定值/实际值偏差过大
	52.9	PZD 控制（过程数据控制）
	52.A	已达到最大频率
	52.B	电动机电流极限报警
	52.C	电动机抱闸（MHB）投入
	52.D	电动机过载
	52.E	电动机正向运行
	52.F	变频器过载
	53.0	直流注入制动投入
	53.1	变频器频率低于跳闸极限值
	53.2	变频器频率低于最小频率
	53.3	电流大于或等于极限值
	53.4	实际频率大于比较频率
	53.5	实际频率低于比较频率
	53.6	实际频率大于或等于设定值
	53.7	电压低于门限值
	53.8	电压高于门限值
	53.A	PID 控制器的输出在下限幅值（P2292）
	53.B	PID 控制器的输出在上限幅值（P2291）
P0756	0	单极性电压输入（0～10V）
	1	带监控的单极性电压输入（0～10V）
	2	单极性电流输入（0～20mA）
	3	带监控的单极性电流输入（0～20mA）
	4	双极性电压输入（－10～10V）
P0757	2	电压 2V 对应 0%的标度，即 0Hz
P0758	0%	
P0759	10	电压 10V 对应 100%的标度，即 50Hz
P0760	100%	
P0761	2	死区宽度
P1000	0	无主设定值
	1	变频器的运行频率由 BOP（键盘）给定
	2	变频器的运行频率由外部模拟信号给定
	3	固定频率给定

续表

参数代码	设置值	说明
P1000	4	通过 BOP 链路的 USS 通信给定
	5	通过 COM 链路的 USS 通信给定
	6	通过 COM 链路的 CB 通信给定
	7	模拟给定值 2
P2009	1	USS 规格化，允许设定值以十进制数的形式发送
P2010	4	COM 链路的波特率（2400bit/s）
	5	COM 链路的波特率（4800bit/s）
	6	COM 链路的波特率（9600bit/s）
	7	COM 链路的波特率（19200bit/s）
	8	COM 链路的波特率（38400bit/s）
	9	COM 链路的波特率（57600bit/s）
	10	COM 链路的波特率（76800bit/s）
	11	COM 链路的波特率（93750bit/s）
	12	COM 链路的波特率（115200bit/s）
P2011	0-31	COM 链路的地址，变频器地址
P2012	2	USS 协议的 PZD 长度
P2013	0	USS 报文中 PKW 部分用于读写各个参数的数值（字数为 0）
	3	USS 报文中 PKW 部分用于读写各个参数的数值（字数为 3）
	4	USS 报文中 PKW 部分用于读写各个参数的数值（字数为 4）
	127	USS 报文中 PKW 部分用于读写各个参数的数值（PKW 长度是可变的）
P2014	0-65535	定义一个时间 T _ off，如果通过 USS 通道接收不到报文，那么，在延迟 T _ off 时间以后将产生故障信号（F0070）
P2200	0	禁止投入 PID 控制器功能
	1	允许投入 PID 控制器功能
P2201～P2015		PID 固定频率设定值
P2216～P2218	1	PID 固定频率设定值方式（直接选择）
	2	PID 固定频率设定值方式（直接选择＋ON 命令）
	3	PID 固定频率设定值方式（二进制编码选择＋ON 命令）
P2253	2250	已激活的 PID 值（操作面板给定时，通过改变 P2240 数值改变目标值）
	755.0	模拟输入 AIN1、AIN2 设定给定值（通过模拟量大小改变目标）
	755.1	
	2224	固定的 PID 给定值
P2264	755.0	模拟输入 AIN1 作为反馈源
	755.1	模拟输入 AIN2 作为反馈源

续表

参数代码	设置值	说明
P3900	0	不进行快速调试（不进行电动机数据计算）
	1	结束快速调试，进行电动机数据计算，并且将不包括在快速调试中的其他全部参数都复位为出厂时的缺省设置值
	2	结束快速调试，只进行电动机技术计算，并将 I/O 设置复位为出厂时的缺省设置
	3	结束快速调试，只进行电动机数据计算，其他参数不复位

附录二　西门子 MM440 通用变频器故障信息及排除

故障代码	故障现象/类型	故　障　原　因	解决对策
F0001	过电流	电动机功率（P0307）与变频器的功率（r0206）不匹配；电动机的导线短路有接地故障	（1）电动机功率（P0307）与变频器的功率是否匹配。 （2）电缆的长度不得超过允许的最大值。 （3）电动机的电缆和电动机内部不得有短路或接地故障。 （4）输入变频器的电动机参数必须与实际使用的电动机参数相符合。 （5）输入变频器的定子电阻值（P0350）必须正确无误。 （6）电动机的冷却风道必须通畅，电动机不得过载。 （7）增加斜坡上升时间（P1120）。 （8）减少“转矩提升”的强度（P1312）
F0002	过电压	直流回路电压（r0026）超过了跳闸电平（2172）	（1）电源电压（P0210）必须在变频器铭牌规定的范围以内。 （2）直流回路电压控制器必须投入工作（P1240），而且正确地进行了参数化。 （3）斜坡下降时间（P1121）必须与负载的转动惯量相匹配。 （4）实际要求的制动功率必须在规定的限定值以内
F0003	欠电压	（1）供电电源故障。 （2）冲击负载超过了规定的限定值	（1）供电电源电压（P0210）必须在变频器铭牌规定的范围以内。 （2）检查供电电源是否短时掉电，或有短时的电压降低
F0004	变频器过温	（1）变频器运行时冷却风量不足。 （2）环境温度太高	（1）变频器运行时冷却风机必须正常运转，调制脉冲的频率必须设定为默认值。 （2）检查环境温度是否太高，是否超过了变频器的允许值
F0005	变频器 I^2t 过温	（1）变频器过载。 （2）变频器负载工作周期时间太长。 （3）电动机功率（P0307）超过了变频器的功率（r0206）	（1）负载的工作周期时间必须在规定的限定值以内。 （2）电动机功率（P0307）必须与变频器的功率比（r0206）相匹配

续表

故障代码	故障现象/类型	故障原因	解决对策
F0011	电动机 I^2t 过温	电动机过载	(1) 负载过大或负载的工作周期时间太长。 (2) 标称的电动机温度超限值(P0626～P0628) 必须正确。 (3) 电动机 I^2t 过温报警电平(P0604) 必须与电动机的实际过温情况相匹配
F0012	变频器温度信号丢失	变频器（散热器）的温度传感器断线	检查变频器（散热器）的温度传感器接线
F0015	电动机温度信号丢失	电动机的温度传感器开路或短路，如果检测到温度信号已经丢失，温度监控开关便切换为监控电动机的温度模型	检查电动机的温度传感器接线
F0020	电源断相	如果三相输入电源缺相，便出现故障，但变频器的脉冲仍然允许输出，变频器仍然可以带负载	检查输入电源是否正常
F0021	接地故障	如果三相电流的总和超过变频器额定电流5%时，便出现这一故障	检查变频器、电缆、电动机对地绝缘
F0022	功率组件故障	下列情况下将引起硬件故障（r0947＝22 和 r0949＝1）： (1) 直流回路过电流（＝IGBT 短路）。 (2) 制动斩波器短路。 (3) 接地故障。 (4) I/O 板插入不正确	(1) 检查 I/O 板是否完全插入插座中。 (2) 如果在变频器的输出侧或 IGBT 中有接地故障或短路故障时，断开电动机电缆就能确定时哪种故障。 (3) 在所有外部接线都已断开(电源接线除外)，而变频器仍然出现永久性故障的情况下，可以断定变频器一定存在缺陷，应该对变频器进行检修。 (4) 偶尔发生的 F0022 故障：突然的负载变化或机械阻滞。 (5) 斜坡时间很短。 (6) 采用无传感器矢量控制功能时参数优化运行得很差。 (7) 安装有制动电阻时，制动电阻得阻值太低
F0023	输出故障	输出的一相断线	检查输出电缆
F0024	整流器过温	(1) 通风风量不足。 (2) 冷却风机没有运行。 (3) 运行环境的温度过高	(1) 变频器运行时冷却风机必须处于运转状态。 (2) 脉冲频率必须设定为默认值。 (3) 环境温度可能高于变频器运行的允许值

续表

故障代码	故障现象/类型	故障原因	解决对策
F0030	冷却风机故障	风机不工作	(1) 在装有操作面板选件 AOP 或 BOP 时，故障不能被屏蔽。 (2) 更换新风机
F0035	在重试再启动时自动再启动故障	试图制动再启动的次数超过了 P1211 确定的数值	检查参数设置是否正确
F0041	电动机参数自动检测故障	电动机参数自动检测故障： (1) 报警值=0，负载消失。 (2) 报警值=1，进行自动检测时已达到电流限制值的电平。 (3) 报警值=2，自动检测得出的定子电阻小于 0.1%或大于 100%。 (4) 报警值=3，自动检测得出的转子电阻小于 0.1%或大于 100%。 (5) 报警值=4，自动检测得出的定子电抗小于 50%或大于 500%。 (6) 报警值=5，自动检测得出的电源电抗小于 50%或大于 500%。 (7) 报警值=6，自动检测得出的转子时间常数小于 10ms 或大于 5s。 (8) 报警值=7，自动检测得出的总漏抗小于 5%或大于 50%。 (9) 报警值=8，自动检测得出的定子漏抗小于 25%或大于 250%。 (10) 报警值=9，自动检测得出的转子漏感小于 25%或大于 250%。 (11) 报警值=20，自动检测得出的 IGBT 通态电压小于 0.5V 或大于 10V。 (12) 报警值=30，电流控制器达到了电压限制值。 (13) 报警值=40，自动检测得出的数据组自相矛盾，至少有一个自动检测数据错误。 (14) 基于电抗 Z_b 的百分值=$V_{mot,nom/sqrt(3)}$ / $I_{mot,nom}$	(1) 报警值=0：检查电动机是否与变频器正确连接。 (2) 报警值=1～9、20、30、40：检查电动机参数 P0304、P0311 是否正确。 (3) 检查电动机的接线应该时哪种形式（星形、三角形）
F0042	速度控制优化功能故障	电动机数据自动检测故障： (1) 故障报警值=0：在规定的时间内不能达到稳定速度。 (2) 故障报警值=1：读数不合乎逻辑	检查电动机数据输入是否正确
F0051	参数 E^2 PROM 故障	在访问 E^2PROM 时发生读出或写入故障	(1) 复位为工厂的默认值，并重新参数化。 (2) 对变频器进行检修
F0052	功率组件故障	读取功率组件的参数时出错，或数据非法	对变频器进行检修

续表

故障代码	故障现象/类型	故障原因	解决对策
F0055	BOP-EEPROM 故障	在利用 BOP 复制参数，向 BOP 的 EEPROM 存储参数时，发生读出或写入故障	(1) 复位为工厂的默认值，并重新参数化。 (2) 更换 BOP
F0056	变频器没有安装 BOP	在变频器没有安装 BOP 的情况下试图运行参数的复制	在变频器上安装 BOP 并重新进行参数的复制
F0057	BOP 故障	(1) 使用空白的 BOP 复制参数。 (2) 使用非法的 BOP 复制参数	(1) 向 BOP 下载参数。 (2) 更换 BOP
F0058	BOP 存储信息不兼容	试图当 BOP 安装在其他型号的变频器上时进行参数的复制	从这一型号的变频器上向 BOP 下载参数
F0060	Asic 超时	内部通信故障	如果故障持续出现，对变频器进行检修
F0072	USS 设定值故障	在通信报文结束时，不能从 USS 得到设定值	检查 USS 通信的主站
F0085	外部故障	由端子输入信号触发的外部故障	封锁触发故障的端子输入信号
F0100	监视器 (Watchdog)复位	软件出错	运行自测试程序
F0101	功率组件溢出	软件出错或变频器的处理器故障	运行自测试程序
F0450	BIST 测试故障	(1) 故障值 r0949=1：有些功率部件有故障。 (2) 故障值 r0949=2：有些控制板有故障。 (3) 故障值 r0949=4：有些功能有故障。 (4) 故障值 r0949=8：有些 I/O 模块有故障	变频器可以运行，但有的功能不能正常工作，对变频器进行检修

附录三　西门子 MM440 通用变频器报警信息及排除

故障代码	故障现象/类型	故 障 原 因	解 决 对 策
A0501	电流限幅	（1）电动机的功率与变频器的功率不匹配。 （2）电动机的连接导线太长。 （3）存在接地故障	（1）电动机的功率（P0307）必须与变频器的功率（r0206）相匹配。 （2）电缆的长度不得超过最大允许值。 （3）电动机的电缆和电动机内部不得有短路或接地故障。 （4）输入变频器的电动机参数必须与实际使用的电动机参数相符合。 （5）定子电阻（P0350）必须正确无误。 （6）电动机的冷却风道是否堵塞，电动机是否过载。 （7）增加斜坡上升时间（P1120）。 （8）减少“转矩提升”的数值（P1312）
A0502	过电压限幅	（1）电压达到了过电压的限幅值。 （2）如果 U_{dc} 控制器没有激活（P1240=0），这一报警信息可能在斜坡下降期间出现	如果这一报警信息一直显示，应检查变频器的输入电源电压
A0503	欠电压限幅	（1）供电电源故障。 （2）供电电源电压和直流回路电压（r0026）低于规定的限定值	检查变频器的输入电源电压（P0210）应保持在允许范围内
A0505	变频器的 I^2t 过温	变频器的 I^2t 超过了报警电平，如果进行参数化（P0610=1），将降低变频器允许的输出电流	检查负载状态和“工作-停止”周期时间必须在规定范围内
A0511	电动机的 I^2t 过温	（1）电动机过载。 （2）电动机的工作周期时间太长	（1）P0611（电动机的 I^2t 时间常数）的数值应设置适当。 （2）P0614（电动机 I^2t 过载报警电平）的数值应设置适当
A0600	RTOS 超出限制范文报警	超出内部的时间限制范围	检查参数设置是否正确
A0910	$U_{dc\text{-}max}$ 控制器未激活	（1）输入电源电压持续过高。 （2）电动机由负载带动旋转，使电动机处于再生制动方式下运行，就可能出现这一报警信号。 （3）在斜坡下降时，如果负载的转动惯性特别大，就可能出现这一报警信号	（1）输入电源电压必须在允许范围以内。 （2）负载必须匹配

续表

故障代码	故障现象/类型	故障原因	解决对策
A0911	U_{dc-max} 控制器已激活	直流回路最大电压 U_{dc-max} 控制器已激活，因此，斜坡下降时间将自动增加，从而自动将直流回路电压（r0026）保持在限定值（P2172）以内	(1) 电源电压不应超过铭牌上所标示的数值。 (2) 斜坡下降时间（P1121）必须与负载的惯量相匹配
A0923	同时要求正向点动和反向点动	同时要求正向点动和反向点动，斜坡函数发生器（RFG）的输出频率将停留在其当前值	检查点动参数设置是否正确，不要同时按下正向点动和反向点动按钮

参 考 文 献

[1] 李方园．图解西门子变频器入门到实践［M］．北京：中国电力出版社，2012.

[2] 李方园，等．零起点学西门子变频器应用［M］．北京：机械工业出版社，2012.

[3] 李鸿儒，于霞，孟晓芳，等．西门子系列变频器及其工程应用［M］．2版．北京：机械工业出版社，2013.

[4] 刘美俊．常用变频器应用实例［M］．北京：中国电力出版社，2013.

[5] 周志敏，纪爱华，等．西门子变频器工程应用与故障检修实例［M］．北京：中国电力出版社，2016.

[6] 李志平，刘维林．西门子变频器技术及应用（双色版）［M］．北京：中国电力出版社，2015.

[7] 王建，杨秀双，等．变频器实用技术（西门子）［M］．北京：机械工业出版社，2012.

[8] 李燕，廖义奎，王永．图解变频器应用［M］．北京：中国电力出版社，2009.

[9] 孟晓芳，辛红，等．变频器应用与维修［M］．北京：机械工业出版社，2010.